쓸모 있는 물리학

일상과 세상을
다시 이해하는 힘

쓸모 있는 물리학

다구치 요시히로 지음
오시연 옮김 | **정광훈** 감수

들어가며

이 책은 학창 시절에 물리를 공부하다 좌절했거나 이제라도 도전해 보고 싶은 사람들을 대상으로 하며, 물리 개념을 당연한 법칙처럼 제시하지 않는다. 일반적인 물리 교과서는 '세상은 이렇게 돌아간다'는 법칙이나 공식을 제시하고 '믿는 자는 구원받을 것이다'라는 식으로 설명한다. 그리고 이에 의문을 제기하면 '실험으로 직접 확인해 보라'며 일축한다. 하지만 실험으로 이해하는 것은 별개의 문제다.

어느 유명한 TV 드라마에서 주인공인 물리학자는 "모든 현상에는 반드시 이유가 있다"라는 대사를 많이 한다. 그게 사실이라면 물리학자가 법칙이나 공식으로 세상을 풀어내려 하는 것에도 이유가 있을 것이다.

예를 들어 좋은 레시피가 있어도 제대로 이해하지 못하면 요리 중에 계속 불안할 것이다. 단단한 재료를 삶을 때는 오래 가열하고, 쉽게 무르는 재료는 중불이나 약불로 단시간에 조리해야 한다. 레시피 단계마다 합리적인 이유가 있을 텐데, 이를 납득하지 못하면 레시피를 진정으로 이해했다고 할 수 없다.

마찬가지로 자연계를 설명하는 공식이나 법칙에도 합리적인 도출 과정이 있다. 다시 말해 '원래 이렇고, 이게 선조들이 생각한 결과다!'라는 식으로 단순히 수용할 게 아니라, '찬찬히 생각해 보니 이 공식과 법칙들이 자연스럽게 도출되네'라고 이해할 때 물리학에 대한 어려움이 해소된다. '왜 그렇게 생각하는가?'의 이유를 설명할 수 있다면 좋은 레시피를 배워 나만의 요리를 만들듯이 현실의 문제에 대해 스스로 생각하고 답을 찾는 능력이 생긴다.

이 책에서는 고등학교 물리 교과서의 친숙한 주제를 소재로 물리 법칙의 도출 과정을 알아본다. 이를 고려하면 고등학교 교육과정의 물리학 분류 체계(역학, 전자기학, 열역학, 파동, 양자역학, 상대성 이론 등)가 최적의 방식은 아닐 수 있다. 하지만 이 체계를 완전히 바꾸면 물리 교과서와의 연계성이 떨어져 학습 내용을 파악하기 어려워지므로 그대로 유지했다.

이 책은 다음과 같은 학습 내용으로 구성되었다.

- 1장 **역학**: 질량이라는 기본 개념을 시작으로 등속 직선 운동, 포물선 운동, 양력을 살펴보고 운동량과 에너지 보존에 대해 다룬다.
- 2장 **전자기학**: 전하, 전기력, 전기장, 전력, 로런츠 힘을 설명하고 자기장과 전자기파를 살펴본다.
- 3장 **열역학**: 열역학 제1법칙과 제2법칙, 그리고 열기관과 냉각기에 대해 다룬다.
- 4장 **파동**: 파동에 대한 일반론과 도플러 효과, 굴절, 편광, 반사를 설명한다.
- 5장 **원자와 분자**: 양자역학의 기초를 간략히 다룬다.

이렇게 이야기하면 딱딱한 교과서 같겠지만 흥미로운 비유와 역사적 일화를 곁들여 물리 개념을 쉽고 재미있게 풀어냈다. 또한 고등학교 물리 교과서에서 흔히 볼 수 있는 복잡한 공식이나 무미건조한 설명은 최소화했다.

일본물리학회는 매년 '연차대회'라는 연구 발표회를 개최하여 회원인 물리학자들이 연구를 발표하고 토론하는 자리를 마련한다. 이 대회에는 수천 명의 일본 물리학자가 모여 열띤 토론을 벌인다. 그리고 2005년부터는 연차대회의 일환으로 '주니어 섹션'을 도입하여 주로 고등학생들이 자신의 물리학 연구를 물리학자들 앞에서 발표하고 있다.

나는 주니어 섹션이 처음 시작될 때부터 학생들의 보고서 채점과 발표 평가에 참여해 왔다. 중고등학생들은 대학 수준의 물리학을 배우지 않았기에 물리학자들과 같은 수준의 발표를 할 수는 없지만, 때때로 물리학자들도 감탄할 만한 의욕적인 발표를 선보인다. 즉 고등학교 물리 범위라도 제대로 이해한다면 심도 깊은 토론이 가능하다. 이 책으로 물리를 다시 공부한 성인 또한 이러한 중고등학생에 견줄 만한 좋은 결과를 얻을 수 있을 것이다.

지은이 다구치 요시히로

차례

들어가며 ... 4

1장 역학
운동은 언제나 힘의 결과로 나타난다

① 물리학은 질량이 전부다 `질량의 정의` ... 12
② 휘어져 있지만 사실은 직선 `등속 직선 운동` ... 25
③ 무기와 역학은 불가분의 관계 `포물선 운동` ... 41
④ 비행기는 어떻게 날 수 있을까? `양력` ... 51
⑤ 트럭과 승용차가 충돌하면 피해가 큰 이유 `운동량 보존 법칙` ... 60
⑥ 운석은 왜 폭발할까? `에너지 보존 법칙` ... 75
⑦ 생각보다 난해한 마찰의 원리 `정지 마찰력과 운동 마찰력` ... 83
⑧ 역학과 전자기학 사이 `중력과 전기력` ... 94

2장 전자기학
전기와 자기의 세계

① 전류의 방향을 헷갈렸다! `전하와 전류` ... 102
② 점전하 사이의 전기력 `쿨롱 법칙` ... 109
③ 브라운관에 담긴 미스터리 `전기장` ... 120
④ 에디슨과 백열전구 `전류·전압·전력` ... 132
⑤ 축전기는 어떻게 작동할까? `전기 용량` ... 141
⑥ 우리가 잘 알지 못하는 전자기학적 힘 `로런츠 힘` ... 153
⑦ 테슬라와 에디슨의 전류 전쟁 `직류와 교류` ... 165
⑧ 전자기학과 열역학 사이 `전자기파` ... 185

뜨거운 곳에서 차가운 곳으로 흐르는 열
3장 열역학

① 구름은 왜 생길까? `열역학적 관점의 구름 생성 과정` 198
② 심해어는 왜 깊은 수압에도 멀쩡할까? `압력` 211
③ 옛 과학자들이 열소설을 믿었던 이유 `열역학 제1법칙` 221
④ 맥스웰의 악마는 실존하지 않는다 `열역학 제2법칙` 230
⑤ 아직 모터에 질 수 없다! `열기관` 237
⑥ 에어컨은 어떻게 찬 바람을 내보낼까? `냉각기` 247
⑦ 열은 파동이었다 `열전도` 261

진동하는 모든 것은 파동을 만든다
4장 파동

① 사람은 왜 소리를 볼 수 없을까? `빛의 직진성` 268
② 우주와 야구의 의외의 접점 `도플러 효과` 278
③ 알고리즘 체조로 배우는 굴절의 신비 `파동의 굴절` 285
④ 뉴턴 링에서 양자역학까지 `입자설과 파동설` 296

보이지 않는 세계의 질서
5장 원자와 분자

① 정말 부조리한 불확정성 원리 `플랑크 상수` 302
② 이 세상의 모든 물질은 파동이다! `드브로이파` 307

역학은 우리가 일상에서 경험하는 힘과 운동을 다루기에
비교적 이해하기 쉬운 분야로 여겨진다.
또한 우리 몸에 힘을 직접 감지할 수 있는
감각 기관이 있기 때문인지 대부분의 역학 교과서에서는
'힘'이 무엇인지 일일이 설명하지 않는다. '속도'와 같이
역학에서 배우는 다른 물리량들도 직관적으로 이해하기 쉽다.
이 때문에 역학은 접근하기 쉬운 학문으로 인식되지만,
개념 간의 관계를 이해하는 것은 또 다른 차원의 문제다.
예를 들어 힘과 속도의 관계를 바로 설명할 수 있는 사람은
많지 않을 것이다. 이번 장에서는 익숙한 개념들의 실제 상호작용을
우리가 미처 알지 못했던 측면을 중심으로 살펴보겠다.

운동은 언제나 **힘의 결과**로 나타난다

역학

1 물리학은 질량이 전부다

질량의 정의

고등학교 물리학을 시작하는 데 있어 가장 중요한 개념은 '질량'이라고 할 수 있다. 질량을 확실히 알아보기 전에 그 중요성을 말하기는 쉽지 않지만 일단 설명해 보겠다(이를 통해 질량이 '무게'와 관련된다는 것 정도는 이해할 수 있다).

우선 질량은 반드시 보존된다. 질량의 주체는 바뀔 수 있지만 질량 자체가 줄어들거나 늘어나는 일은 없다. 예를 들어 목재를 태울 때 나무가 불에 타서 사라지는 것처럼 보이지만 실제로는 연소 과정에서 발생한 기체(이산화탄소와 수증기)를 구성하는 원자의 일부로 사용되었을 뿐이다. 연소로 발생한 기체 중 목재에서 유래한 부분의 질량을 모두 합하면 줄어들거나 늘어나지 않았음을 알 수 있다.

무언가가 갑자기 나타나거나 사라지지 않는다는 사실은 매우 중요하며 과학의 기초가 되는 개념이다. 이는 마법이나 초능력이 (아마도 결코) 존재하지 않는다는 기본 전제와도 밀접하게 연관되어 있다.

또한 질량 보존은 에너지 보존과도 관련이 있다. 아인슈타인의 유명한 공식 $E=mc^2$은 고등학교 물리를 배우지 않은 사람도 한 번쯤 들어 봤을 것이다. 여기서 E는 에너지, m은 질량, c^2은 광속의 제곱을 의미한다. 광속이 약 30만 km/초로 엄청난 속도인 만큼 c^2은 매우 큰 수가 된다. 즉 이 공식을 통해 아주 작은 질량이라도 엄청난 에너지를 내포하고 있음을 알 수 있다.

고등학교 물리 교과서에서는 질량 에너지 등가 원리의 공식을 주로 설명하지만, 이는 특수한 상황뿐 아니라 일상생활과도 관련이 있다. 예를 들어 전기 저항이 있는 간단한 회로를 생각해 보자.

이 회로에서는 전류가 흐르면서 전원의 에너지가 소실되어 저항에서 발생하는 열에너지로 변환된다. 즉 이 그림에서 에

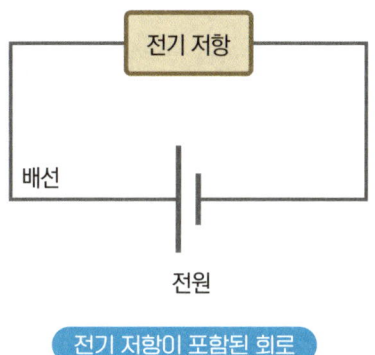

전기 저항이 포함된 회로

너지는 아래에서 위로 이동하고 있다. 에너지와 질량은 등가이므로, 이 회로는 전체적으로 (무게중심의 위치를 고려하면) 처음부터 위쪽으로 이동하고 있었다고 볼 수 있다. 이처럼 질량은 물리학 전반의 기본이 되는 중요한 개념이다.

왜 '무게'로는 안 될까?

이제 질량의 정의를 다시 생각해 보자. 사실 질량이라는 단어는 일상생활에서 자주 사용되지 않는다. 우리의 일상에서 질량이 직접적으로 문제가 되는 경우가 드물기 때문이다. 그 대신 질량과 가장 가까운 개념으로 '무게'라는 단어를 흔히 사용한다. 그렇다면 왜 무게가 아니라 질량이라는 개념을 사용해야 할까?

무게라는 개념은 '짐이 무겁다'라는 표현에서 알 수 있듯이 '힘'과 밀접하게 연결되어 있다. 우리는 힘의 크기를 느끼는 감각이 있어서 무언가를 들어 올리거나 수평 바닥에서 물체를 밀고 당길 때 필요한 힘의 크기를 직관적으로 알 수 있다. 따라서 물체에 무게라는 속성이 있고, 이를 움직이거나 들어 올리는 데 필요한 힘의 크기로 정의하는 것은 매우 자연스럽고 타당한 접근이다.

하지만 같은 물체라도 수평면 위에서 움직일 때와 들어 올릴 때의 무게는 다르다. 일반적으로 물체를 들어 올리는 것이 더 힘들고, 수평으로 움직이는 것이 더 쉽다. 같은 물체인데 이런 차이가 생기는 이유는 물체에 작용하는 힘이 다르기 때문이다. 물체를 들어 올릴 때는 지구가 가하는 중력에 대항해야 하지만 물체를 수평으로 움직일 때는 주로 물체와 바닥 사이의 마찰력에 대항하면 된다. 이처럼 작용하는 힘은 완전히 다르지만, 둘 다 '무거운 물체일수록 더 큰 힘이 필요하다'는 공통점이 있다. 이러한 이유로 우리는 이 두 상황을 자연스럽게 '무겁다'라고 표현한다.

실제로는 들어 올릴 때와 움직일 때 필요한 힘의 크기가 다르다고 해서 같은 물체에 두 가지 무게를 정의하면 불편할 수 있다. 그래서 인류는 '들어 올릴 때 필요한 힘'을 무게의 기준으로 삼았다. 움직일 때의 힘은 바닥이나 지면의 상태에 따라 달라지지만 들어 올릴 때 필요한 힘은 항상 일정하기 때문이다. 이로 인해 물체를 들어 올릴 때 필요한 힘을 기준으로 무게, 즉 '중량'이 정의되었다.

이것으로 일단락되면 좋았겠지만 중량에는 장소에 따라 값이 달라진다는 또 다른 문제가 있었다. 알다시피 달 표면에서는 인간의 체중이 지구에서의 약 6분의 1로 줄어든다. 또한 정지 궤도(적도 상공 약 3만 5,800km의 원 궤도)에 있는 우주 정거장 내부는 무중력 상태라서 체중이 거의 0에 가깝다. 이처럼 중량은 장소에 따라 쉽게 변하므로 보편적인 물리 현상을 설명하는 '물리량'으로는 부적합하다.

이 문제를 해결하기 위해 도입된 것이 '질량'이라는 개념이다. 질량은 물질이 움직이기 어려운 정도를 의미하며 지구상에서든 우주 정거장에서든 달 표면에서든 동일하다.

질량의 정의에는 가속도가 필요하다

질량이라는 개념은 우리가 체감할 수 있는 '무게'로 정의되지 않는다. 오히려 우리가 이해하기 어려운 '가속도'라는 개념을 먼저 고려해야 한다. "가속은 평소에도 잘 느낄 수 있어요"라고 반박할 수도 있지만 우리가 실제로 느끼는 것은 가속도가 아니라 '가속력', 즉 가속도로 인해 발생하는 힘이다. 인간은 손가락으로 느껴지는 물체 표면의 매끄러움이나 달릴 때 얼굴에 닿는 바람처럼 다양한 방식으로 힘을 통해 세상을 인식한다. 이 과정에서 우리는 현상 자체, 즉 가속이 아니라 그로 인해 생긴 '힘'을 느끼고 있다는 점을 잊기 쉽다.

가속도는 시간에 따른 속도의 변화율이다. 식으로 표현하면 다음과 같다.

$$가속도 = \frac{속도\ 변화량}{걸린\ 시간}$$

가속도가 증가하면 그로 인한 힘도 커지기 때문에 실제로는 가속력을 느끼면서 가속도를 느낀다고 착각하는 것이다. 가속도를 높이려면 필요한 힘도 증가해야 한다. 그렇다면 힘이 2배로 증가하면 가속도도 2배가 될까, 아니면 4배가 될까? 이것은 실험으로 확인하는 수밖에 없다.

마찰을 무시할 수 있는 환경에서 물체를 같은 힘으로 계속 당겨 가속도를 측정해 보자. 이어서 같은 물체에 2배의 힘을 가했을 때의 가속도도 측정해 보자. 물체를 같은 힘으로 당기면 점점 속도가 빨라지므로 같은 힘을 유지하기는 어렵지만, 가능했다고 가정하면 '가속도는 가하는 힘의 크기에 비례한다'는 것을 알 수 있다. 즉 힘이 2배면 가속도도 2배가 된다!

그래서 질량은 다음과 같이 정의한다.

$$질량 = \frac{힘}{가속도}$$

이는 '무거운 물체일수록 움직이기 힘들다'는 직관과 일치한다. 같은 힘을 가할 때 움직이기 힘든 물체는 가속도에 비해 질량이 크기 때문이다. 또한 이 식에는 중력이 등장하지 않으므로 중력과 무관하게 인간이 직관적으로 느끼는 '무게'를 정의할 수 있다.

그리고 실험 결과로부터 다음과 같은 관계가 성립한다.

중력 = 질량 × 중력 가속도

질량이 2배면 중력도 2배가 되므로 중력을 질량으로 나눈 '중력 가속도'는 질량의 크기와 관계없이 일정하다. 즉 모든 물체가 질량과 상관없이 같은 가속도로 떨어지며, 이는 실험 결과와 일치한다. 이러한 이유로 물리학에서는 우리가 쉽게 이해할 수 있는 '중량' 대신 복잡하지만 정확한 '질량'이라는 개념을 채택하게 되었다.

관성의 법칙이란 무엇일까?

질량이라는 개념으로 다양한 물리 현상을 명확하게 설명할 수 있다. 대표적인 예시가 갈릴레오 갈릴레이가 발견한 '관성의 법칙'이다.

관성은 '운동 중인 물체가 그 운동을 지속하려는 성질'을 의미한다. 이는 '물체에 외부 힘이 작용하지 않을 때, 물체가 정지 상태를 유지하거나 일정한 속도로 계속 운동하는 현상(등속도 운동)'으로 나타난다. 관성은 측정 가능한 단위가 있는 물리량이 아니다. **질량이 있는 모든 물체는 관성을 가지지만 관성의 크기를 비교할 수는 없다.** 즉 관성은 질량을 가진 물질이 보유하고 있는 고유한 특성으로, 그 존재 여부만을 나타내는 개념이다.

물리학에서는 크기는 없지만 질량이 있는 존재를 '질점'이라고 부른다. 질점을 수평으로 발사하는 상황을 상상해 보자. 중력이 없는 환경에서는 수평을 유지하며 직선으로 나아갈 것이다. 그러나 지구상에서는 중력의 영향으로 직선으로 나아가지 않고 질점의 궤도가 아래쪽으로 휘어진다.

질점의 운동 궤적은 힘의 상호작용으로 결정된다. 하나는 직진하려는 관성이고, 다른 하나는 이를 바꾸려는 중력이다. 질점의 궤도는 초기 속도의 크기에 따라 형태가 달라진다. 초기 속도가 느리면 중력의 영향이 상대적으로 커져서 궤도가 급격히 휘어진다. 반면에 초기 속도가 빠르면 관성의 효과가 더 두드러져 비교적 직선에 가까운 궤도를 그린다.

지표면에서 공을 던졌을 때 일어나는 일

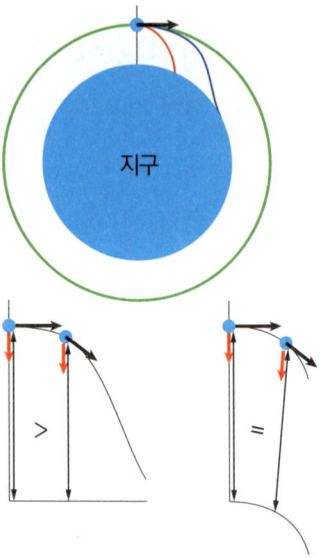

 먼저 지구가 평평하다면 질점은 수평으로 나아가지 못하고 지면과의 거리가 점차 줄어들다가 언젠가 지면에 충돌하고 만다(지구 아래 왼쪽 그림). 하지만 지면이 곡선을 이룬다면 질점은 지면과의 거리를 일정하게 유지하면서 영원히 충돌하지 않을 수도 있다(지구 아래 오른쪽 그림). 여기서 빨간 화살표는 중력의 방향이고, 검은 화살표는 질점의 속도를 의미한다.
 지구는 둥글기 때문에 수평으로 던질 때의 속도가 중요한 역할을 한다. 속도가 너무 느리면(위 그림의 빨간색이나 파란색 궤적) 물체는 지면과 충돌하게 된다. 그러나 적절한 속도로 발사하면 지면에 부딪히지 않고 지구를 한 바퀴 돌 수 있다(위 그림의 녹색 선 궤적). 만약 이상적인 조건, 즉 지구가 완벽한 구형이고 대기가 없는 진공 상태라면 잘 던진 공이 지구를 한 바퀴 돌아 던진 사람의 등에 부딪히는 현상을 경험할 수 있다.

여기서 한 가지 생각해 보자. 공을 절대 땅에 떨어지지 않게 던지려면 어떻게 해야 할까? 지면이 평평하다면 이론상 무한히 빠른 속도로 던져야 한다. 하지만 지구는 평평하지 않고 구형이다.

인류는 오랫동안 지구가 평평하다고 믿어 왔다. 지구가 둥글다고 올바르게 인식한 사람은 비웃음을 샀다. "지구가 둥글다고? 그럼 반대편 사람들은 어떻게 되는 거야? 거꾸로 떨어지겠네?"라고 말이다. 이런 반응은 '중력이 위에서 아래로 작용한다'는 큰 오해에서 비롯되었다.

실제로 중력은 단순히 위에서 아래로 작용하는 힘이 아니다. **중력은 지구의 중심을 향해 작용하며, 우연히 '위에서 아래로' 방향이 일치할 뿐이다.**

이제 공을 던졌을 때 절대로 지면에 떨어지지 않게 하려면 질점의 수평 투사 속도가 얼마여야 하는지 알아보자. 만약 지면이 평평하지 않고 곡선이라면 질점이 낙하함에 따라 지면도 함께 하강하는 효과가 발생하여 질점이 지면과 충돌하지 않을 가능성이 생긴다. 그렇다면 '지면과 충돌하지 않으려면 무한히 빠른 초기 속도가 필요하다'는 전제는 곡선 지면에서는 더는 성립하지 않을 수 있다.

또한 중력이 단순히 위에서 아래로 작용하는 것이 아니라 지구의 중심을 향해 작용한다는 점도 고려해야 한다. 이로 인해 지면을 향해 떨어지기 시작한 질점에 작용하는 중력은 순수한 연직 방향이 아닌 초기 위치에서 볼 때 약간 비스듬한 각도로 작용한다. 이러한 특성으로 질점이 지면으로 끌려가는 비율과 지면이 곡률로 인해 내려가는 비율이 거의 같아질 수 있다. 그 결과 지면과 질점 사이의 거리가 일정하게 유지된다. 이는 엄밀히 말해 직선 운동은 아니지만 지면과 질점 사이의 거리, 즉 질점의 고도가 변하지 않으므로 수평 운동으로 간주할 수 있다.

역설적으로 인류가 지구가 둥글다는 사실을 이해하는 데는 다음과 같은 관찰만으로도 충분했을 것이다. 바로 '중력에 의해 아래로 떨어져야 할 질점이 시간이 지나도 지면에 닿지 않고 수평으로 날아가는 것처럼 보이는 현상'이다. 이 현상을 목격하면 우리는 필연적으로 '지구는 평평할 수 없으며 반드시 둥글어야 한다'는 결론에 도달하게 된다.

현실에서는 공기 저항과 불규칙한 지형으로 인해 '지표면에서 1m 높이를 유지하며 지구를 한 바퀴 도는 질점의 운동'을 관찰할 수 없다. 하지만 이상적인 조건에서는 적절한 속도로 공을 수평으로 던지면 그 공이 오랜 시간이 지난 후 지구를 한 바퀴 돌아 던진 사람의 등에 부딪힐 수도 있다. 아쉽게도 현실의 제약으로 인해 이런 완벽한 운동을 실현할 수 없다.

갈릴레이가 생각한 관성의 법칙

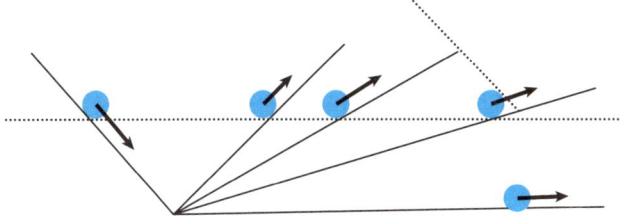

경사면을 미끄러져 내려가 다시 올라가는 질점을 생각해 보자. 마찰이 없는 상황에서 질점은 경사면을 원래 높이까지 올라갈 것이다. 올라가는 경사면의 기울기를 점차 줄여 나가면 질점이 경사면을 따라 올라가는 거리는 점점 길어진다. 그렇다면 올라가는 쪽 경사면의 각도를 0°로 만든다면 어떻게 될까? 이 경우 질점은 수평면 위를 움직이게 되어 아무리 시간이 지나도 원래의 높이에 도달할 수 없다. 즉 갈릴레이는 질점은 영원히 일정한 속도로 수평면 위를 움직일 것이라고 생각했다.

이렇게 갈릴레이가 생각한 관성의 법칙은 연직 방향인 운동에 한정되었다. 하지만 그는 지구가 둥글다는 것과 중력이 지구의 중심을 향해 작용한다는 사실을 인식하고, 관성의 법칙에 따른 운동이 실제로는 직선 운동이 아닐 수 있다는 점을 명확히 이해했다. 즉 갈릴레이의 관점에서 관성의 법칙에 따르는 운동은 등속 직선 운동이라기보다는 지구 주위를 한 바퀴 도는 원운동에 가까웠다.

인공위성은 지구의 곡률을 이용한 공학적 응용의 대표적인 사례다. 본래 지면을 향해 떨어져야 할 질점이 지구의 둥근 형태로 인해 오히려 지구 주위를 한 바퀴 돌게 되는 원리를 활용한 것이다. 이런 기술을 적용한 예로 일론 머스크가 이끄는 스페이스X의 스타링크 위성 통신 인터넷 서비스가 있다. 스타링크는 러시아-우크라이나 분쟁 중 주목받았으며, 2024년 1월 기준으로 약 5,000대의 통신위성을 지구 궤도에 배치했다. 이 위성들은 지구 주위를 돌며 지상 기지국 간의 통신을 중계하고 있다.

일반적인 모바일 통신에서는 단말기와 가까운 기지국 간에 데이터 교환이 이루어지고, 기지국 간의 통신은 케이블로 연결된다. 반면에 위성 통신 인터넷은 기지국 간의 통신을 위성으로 대체한다. 위성은 지구 궤도를 돌며 끊임없이 움직이지만 다수의 위성을 띄우면 지구의 어느 지점에서든 여러 위성과 기지국이 항상 통신할 수 있다. 이 시스템을 통해 기지국 간 케이블 없이도 스마트폰 통화가 가능하다. 한번 발사하면 안정적으로 궤도를 유지하는 인공위성 기술이 있어서 가능한 일이다.

이론적으로는 이와 유사한 시스템을 비행기에도 적용할 수 있다. 하지만 비행기는 공중에 머물 때 연료가 지속적으로 소비되므로 통신 시스템으로 활용하면 경제성이 크게 떨어진다.

휘어져 있지만 사실은 직선

등속 직선 운동

등속 직선 운동은 일직선상에서 일정한 속도로 진행하는 운동을 의미한다. 이 운동은 질점에 아무런 힘도 작용하지 않을 때 발생하는 현상으로, 직관적으로 '똑바로 날아가는 것'으로 이해할 수 있다. 그런데 '똑바로'란 무엇일까? 물론 '똑바로는 말 그대로일 뿐 다른 의미는 없다'고 생각할 수도 있다. 하지만 자가 없을 때 똑바른 선을 어떻게 그릴 수 있을까?

답은 간단하다. 평면 위에 두 점을 찍고 그 사이를 줄로 팽팽하게 연결하면 된다. 두 점 사이의 최단 거리가 곧 직선이라는 원리를 활용한 것이다. 다만 최단 거리가 항상 직선인 것은 아니다. 지표면과 같은 곡면에서는 두 지점을 연결하는 최단 경로가 일반적으로 생각하는 직선과 다르다. 만약 직선이라면 그 선은 지구 내부를 관통해야 할 것이다. 실제로 지표면, 즉 구면에서 두 점을 잇는 최단 경로는 대원(大圓)의 일부인 원호다. 이 대원은 지구의 중심을 지나며 반지름이 지구의 반지름과 같다.

구면의 두 점을 잇는 최단 거리

구면 위의 두 점 사이를 연결하는 최단 거리는 '직선'이 아니라 두 점을 지나는 대원(구의 반지름과 같은 반지름을 가지는 원)의 일부분인 호이다.

우주 공간에서의 '직선'이란 무엇일까?

우주 공간으로 이야기를 확장해 보자. 우주 공간은 평평할까, 아니면 휘어져 있을까? 이는 쉽게 답할 수 있는 문제가 아니다. 평면과 구면에 각각 생명체가 살고 있다고 가정해 보자. 구면에 사는 생명체가 두 점 사이의 최단 거리가 직선이 아닌 대원(큰 원을 따라가는 경로)이라는 사실을 인식할 수 있을까? 아마도 그럴 수 없을 것이다. 그들에게는 자신이 걷는 경로가 직선으로 느껴질 것이기 때문이다. 똑바로 걸어가고 있다고 생각했는데 어느새 원래 위치로 돌아왔을 때에야 비로소 깨달을 수 있을 것이다.

우리가 살고 있는 우주는 휘어져 있을까, 아니면 평평할까? 답은 '휘어져 있다'이다. 우리가 중력이라고 인식하는 현상은 공간 왜곡과 밀접하게 연관되어 있다. 공간 왜곡을 일으키는 주요 요인은 질량과 에너지다. 왜곡된 공간에서는 질점이 똑바로 날아가지 않는다. 우리가 '중력이 작용하여 물체의 궤적이 휘어진다'고 해석하는 현상은 실제로는 공간이 왜곡되어 있어서 발생

우주는 휘어진다

(출처: NASA)

이 그림은 지구를 격자무늬 평면 위에 투영된 질량체로 나타낸 모델이다. 실제 세계는 3차원이지만 한 차원을 생략하는 대신 상하 방향(평면에 수직인 방향)을 위치 에너지의 크기로 대체한다. 지구 주변은 위치 에너지가 낮아져 있어 주변 물체들이 구멍을 향해 떨어지듯 끌려 들어간다. 이는 실제로 공간 자체가 휘어져 있기 때문이다.

한다.

이러한 공간 왜곡은 빛의 진행에도 영향을 미친다. 다만 휘어지는 정도가 매우 미미해서 보통은 쉽게 감지할 수 없을 뿐이다. 휘어지며 나아가는 빛도 알아채지 못하는데 공간이 왜곡되어 있다는 사실을 인식하기란 쉽지 않다.

다음 그림을 보자. 공간이 휘어지면 그 안을 통과하는 빛도 자연스럽게 휘어지며 나아간다(그림 왼쪽). 그러나 우리 눈에는 똑바른 공간(그림 오른쪽)을 통과해 온 것처럼 보인다. 다시 말해 휘어진 기둥을 따라 빛이 날아왔어도 우리는 이를 똑바른 벽(실제로는 기둥)을 따라 직진해 온 빛으로 인식한다.

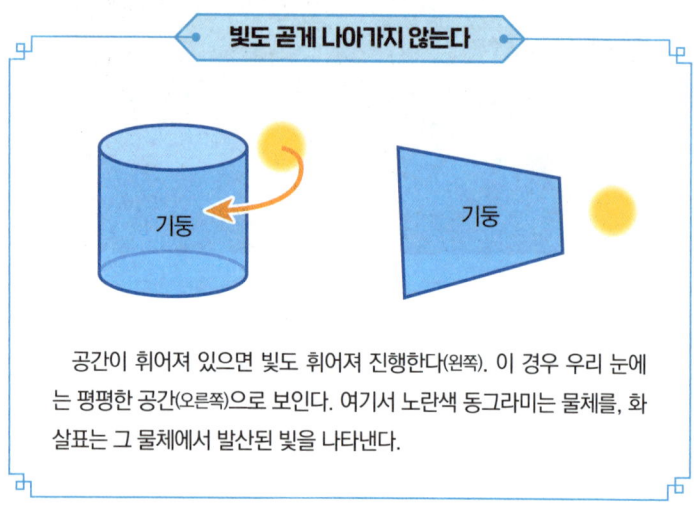

공간이 휘어져 있으면 빛도 휘어져 진행한다(왼쪽). 이 경우 우리 눈에는 평평한 공간(오른쪽)으로 보인다. 여기서 노란색 동그라미는 물체를, 화살표는 그 물체에서 발산된 빛을 나타낸다.

이와 매우 유사한 현상이 신기루다. 이는 중력과는 무관하게 빛의 진로가 굽어져서 실제로 존재하지 않는 물체나 풍경이 보이는 현상이다. 우리 눈은 빛이 도중에 휘어지더라도 눈에 들어오기 직전 빛의 방향에 물체가 있다고 판단한다. 그 때문에 공중에 있을 리 없는 건물이나 수면이 보이는 신기루 현상이 발생한다. 우리는 이 현상이 환상에 불과하다는 것을 알고 있기에 놀라지 않지만 이런 지식이 없는 사람들이 신기루를 목격했다면 환상적인 풍경에 당황했을 것이다.

신기루는 어떻게 일어날까?

먼저 신기루 중 '위신기루'에 대해 알아보자. 빛은 밀도가 클수록 느려지는 경향이 있다. 해수면의 온도가 낮으면 그 바로 위의 공기층이 차가워져 밀도가 증가하고, 이에 따라 빛의 속도가 감소한다. 그러면 빛의 경로가 휘어지게 된다. 하지만 우리 눈은 이를 알아차리지 못하고 빛이 직선으로 진행한다고 착각한다. 그래서 지상에 있는 집이 공중에 떠 있는 것처럼 보이는 것이다(속도 차이로 인한 빛의 휘어짐에 대해서는 4장 참고).

이렇듯 빛의 굴절로 인해 신기루 현상이 발생한다. 물체에서는 모든 방향으로 빛이 반사되지만 그중 일부만 우리 눈에 도달한다. 온도 차이가 없는 환경에서는 빛이 대기 중을 직진하므로 물체와 눈을 잇는 직선 방향의 빛만 보이게 된다. 그러나 차가운 공기와 따뜻한 공기가 겹쳐 있는 좁은 영역에서 온도가 연속적으로 변화할 때는 그곳에서 빛의 굴절이 일어난다. 이러한 층이 생기면 빛은 온도가 낮은(즉 밀도가 높은) 쪽으로 굴절하여 곡선을 그리며 진행한다.

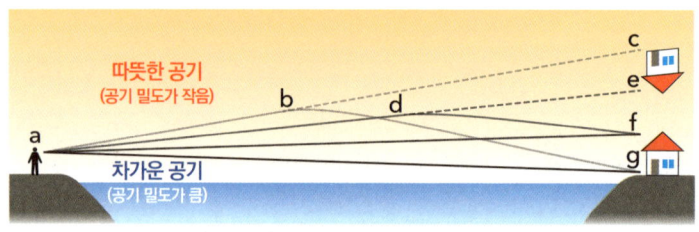

(※ 도야마현 우오즈시 우오즈매몰림박물관 홈페이지의 설명을 참고하여 작성)

위신기루 모식도

이 그림은 위쪽이 따뜻하고 아래쪽이 차가운 공기층에서 발생하는 위신기루의 모식도다. 위로 향하는 빛의 일부가 굴절되어 아래로 돌아와 관찰자의 눈에 도달한다(볼록하게 휜 광선 a-b-g나 a-d-f). 위신기루와는 반대로 위쪽이 차갑고 아래쪽이 따뜻한 공기층에서는 빛이 오목하게 휘어져 실제 풍경이 아래에 보이는 '아래신기루'가 발생한다.

아래신기루는 위신기루와는 반대의 원리로 발생한다. 지면의 온도가 높으면 그 바로 위의 공기층이 가열되어 밀도가 낮아진다. 그러면 빛의 속도가 증가하면서 빛의 경로가 오목하게 휘어지게 된다. 그러나 우리 눈은 이를 인지하지 못하고 빛이 직선으로 진행했다고 생각하기 때문에 실제 물체가 지면 아래에 있는 것처럼 보인다.

또한 우리는 물체에서 직접 오는 빛과 함께 지면이 거울처럼 주변 풍경을 반사하는 듯한 착시를 경험한다. 이 현상은 지면이 젖어 물웅덩이가 생겼을 때처럼 보여서 자동차 운전 시 도로에 실제로 물웅덩이가 있는 것 같은 착각을 일으킨다. 흥미롭게도 이 '가상의 물웅덩이'에 가까이 가면 휘어진 빛이 우리 시야에서 벗어나 현상이 사라지고, 대신 더 먼 거리에 새로운 물웅덩이가 보인다. 이렇게 물웅덩이가 계속 멀어지는 듯한 현상 또한 아래신기루다.

자세히 설명하자면 아래신기루는 위신기루와는 반대로 물체에서 아래쪽으로 발산된 빛이 아래로 볼록한 곡선을 그리며 운전자의 눈에 도달한다. 인간은 빛이 휘어서 온다는 것을 알아차리지 못해 지면 아래에서 빛이 온 것처럼 인식한다. 하지만 지면 아래에 빛을 발산하는 물체가 있을 리 없으므로 우리의 뇌는 '물웅덩이가 있고 거기서 빛이 반사되었다'라고 해석하면서 실제로는 존재하지 않는 물웅덩이를 보게 된다. 차가 물체에 가까워지면 휘어진 빛이 운전자의 눈에 도달할 만한 거리가 확보되지 않아 물웅덩이가 순간적으로 사라진 것처럼 보인다.

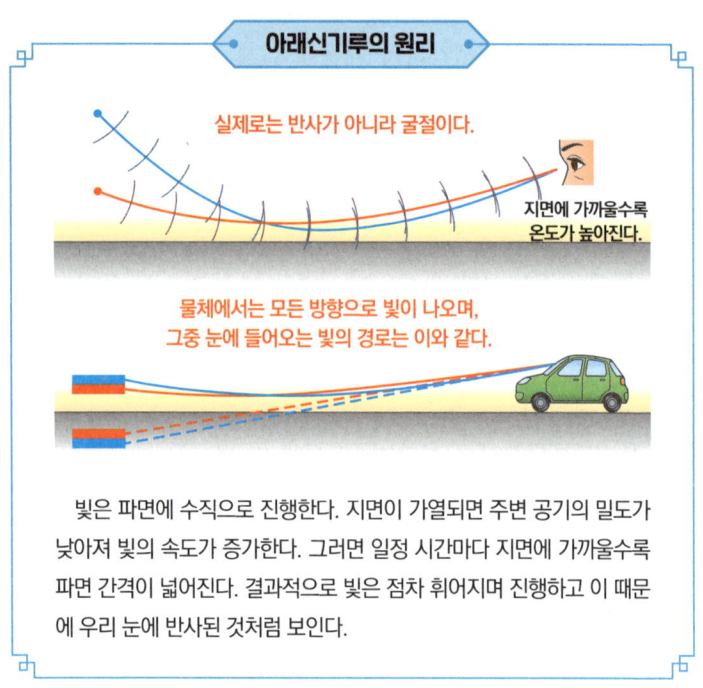

아래신기루의 원리

실제로는 반사가 아니라 굴절이다.

지면에 가까울수록 온도가 높아진다.

물체에서는 모든 방향으로 빛이 나오며, 그중 눈에 들어오는 빛의 경로는 이와 같다.

빛은 파면에 수직으로 진행한다. 지면이 가열되면 주변 공기의 밀도가 낮아져 빛의 속도가 증가한다. 그러면 일정 시간마다 지면에 가까울수록 파면 간격이 넓어진다. 결과적으로 빛은 점차 휘어지며 진행하고 이 때문에 우리 눈에 반사된 것처럼 보인다.

빛의 굴절 원리로 살펴보는 신기루

위신기루와 아래신기루처럼 공기 중의 빛의 굴절과 중력에 의한 빛의 굴절은 서로 다른 현상으로 보일 수 있지만 실제로는 매우 유사하다. 다음 그림은 대기 중 굴절률의 차이로 빛이 휘는 경우와 중력으로 휘는 경우를 비교한 것이다. 두 경우 모두 빨간색 선은 굴절 없이 직진하는 빛을, 파란색 선은 굴절이 일어나는 경우를 나타낸다(왼쪽 그림의 빨간색 선은 대기 중 굴절률이 위치에 관계없이 일정하여 굴절이 일어나지 않는 경우이며, 오른쪽 그림의 빨간색 선은 중력이 존재하지 않아 직진하는 경우다).

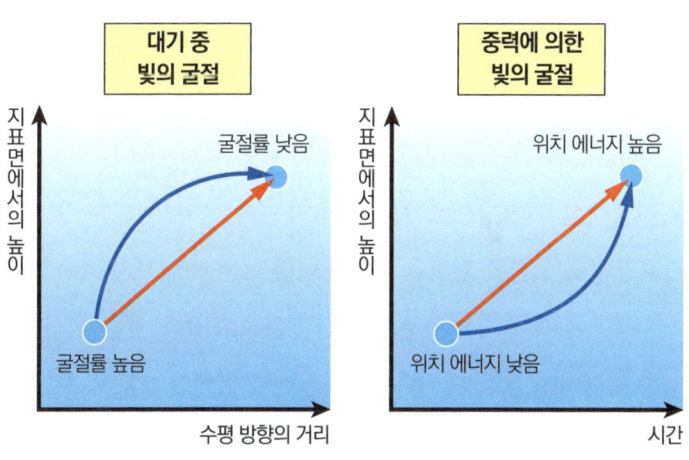

대기 중의 빛의 굴절과 중력 속의 빛의 굴절

두 현상의 큰 차이는 발생 영역에 있다. 왼쪽 그림은 세로축과 가로축 모두 공간인데, 오른쪽 그림은 세로축이 공간이고 가로축은 시간이다. 즉 대기 중 빛의 굴절은 공간에서 일어나지만 중력에 의한 굴절은 시간과 공간을 함께 고려한 시공간에서 일어난다.

그림을 좀 더 살펴보면 대기 중 빛의 굴절에서는 지표면에서의 거리가 멀어질수록(높아질수록) 굴절률이 작아지고 빛의 속도는 빨라진다. 반면 중력에 의한 빛의 굴절에서는 지표면에서의 거리가 멀어질수록(높아질수록) 위치 에너지가 커지고 빛의 속도가 빨라진다. 전자의 경우에 빛이 굴절하는 이유는 단순하다. 빛이 두 점 사이를 최단 시간에 이동할 때 곧장 이동하는 것보다 다소 돌아가더라도 상층부의 속도가 빠른 곳을 통과하는 것이 전체 이동 시간을 단축할 수 있기 때문이다.

다음 그림과 같은 상황을 생각해 보면 쉽게 이해할 수 있다. A 지점에서 B 지점으로 이동해야 하는데, 경로의 왼쪽 절반은 진흙탕이고 오른쪽 절반은 마른땅이라고 가정해 보자.

이런 상황에서 대부분의 사람들은 A와 B를 잇는 직선 경로를 선택하지 않을 것이다. 그 대신 진흙탕에서 보내는 시간을 최소화하기 위해 A→C→B라는 우회 경로, 즉 직선 대신 마른땅을 경유하는 경로를 최단 경로로 선택한다. 그리고 실제로 이

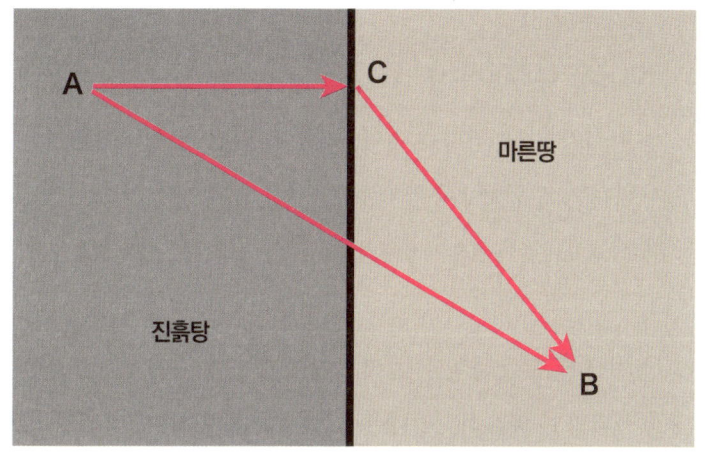

진흙탕과 마른땅에서의 실제 최단 경로

경우 목적지 B에 더 빨리 도착할 수 있다. 다시 말해 여러분이 진흙탕을 피해서 이동하듯이 빛도 속도가 느려지는 곳을 피해 최단 거리를 선택하며, 그 결과 빛은 '굴절'한다.

중력에 의한 빛의 굴절도 비슷한 이유로 발생하는데, 이 경우 빛은 최단 시간이 아닌 시공간 내에서의 최단 거리를 따라 이동한다. 우리는 보통 최단 거리를 직선으로 생각하지만 높은 곳(위치 에너지가 큰 곳)을 통과하는 경로가 오히려 '더 짧은 거리'가 된다. 이런 현상은 '시공간이 휘어져 있다'는 개념을 뒷받침한다. 실제로 중력에 의한 빛의 굴절은 '중력 렌즈'라고도 불리며, 지표면(별)에서 거리가 멀어질수록 굴절률이 감소하고 빛의 속도가 빨라진다.

'중력이 있으면 빛이 휘어진다'는 현상을 설명하는 방법에는 두 가지가 있다. 하나는 아인슈타인의 일반 상대성 이론이고, 다른 하나는 고등학교에서 배우는 뉴턴 역학(뉴턴의 세 운동 법칙인 관성의 법칙, 운동 방정식, 작용 반작용의 원리에 따라 만든 역학 체계-역주)이다.

일반적으로 고등학교 물리 수업에서는 질량이 0이면 중력도 0이 된다고 배운다. 그 때문에 질량이 없는 빛이 어떻게 '휘어질' 수 있는지 의문이 들 수 있는데, 뉴턴 역학으로도 이를 설명할 수 있다.

원래 물체가 중력으로 낙하할 때 중력의 크기는 그 물체의 질량에 비례한다. 즉 다음과 같은 식으로 정리할 수 있다.

중력 = 질량 × 중력 가속도

여기서 중력 가속도는 질량에 관계없이 일정하다. 이는 어떤 질량의 물체라도 완전히 같은 궤적을 그리며 낙하한다는 뜻이다. 궤적이 질량의 크기와 무관하다면 질량이 0인 경우에도 같은 원리가 적용될 수 있다고 봄 직하다. 따라서 질량이 0인 빛도 질량이 유한한 질점과 동일한 궤적을 그리며 낙하할 것이다.

이것이 고등학교에서 배우는 일반적인 역학 원리로 추론한 빛의 궤적이다.

만약 질량이 0인 빛에도 뉴턴 역학이 성립한다고 가정하면 뉴턴 역학으로도 빛이 어떻게 휘는지 계산할 수 있다. 그러나 이 계산 결과는 아인슈타인의 일반 상대성 이론의 예측과 차이가 있었고, 덕분에 두 이론 중 무엇이 더 정확한지 판단하는 데 중요한 역할을 했다.

최종 결론은 하늘의 별빛이 태양 근처를 지날 때 얼마나 휘는지를 관측함으로써 도출되었다. 보통은 태양이 너무 밝아서 별빛을 볼 수 없지만 일식 때는 가능하다. 관측 결과, 일반 상대성 이론의 예측이 더 정확한 것으로 판명되었다.

20세기 초 저명한 천문학자인 아서 에딩턴(Arthur Stanley Eddington)은 일반 상대성 이론에 의한 빛의 굴절을 검증하기 위해 아프리카의 프린시페섬으로 원정을 떠났다. 에딩턴은 1919년 5월 29일의 개기일식 동안 태양 근처의 히아데스성단 별들의 위치를 촬영하고, 이를 태양이 없을 때(야간)의 위치와 비교하여 태양 근처를 지나는 빛의 굴절 정도를 계산했다. 계산 결과, 일반 상대성 이론의 예측이 뉴턴 역학의 예측보다 실제 관측 결과에 가까웠다. 이는 일반 상대성 이론에 대한 최초의 실험적(관측적) 확인이었다.

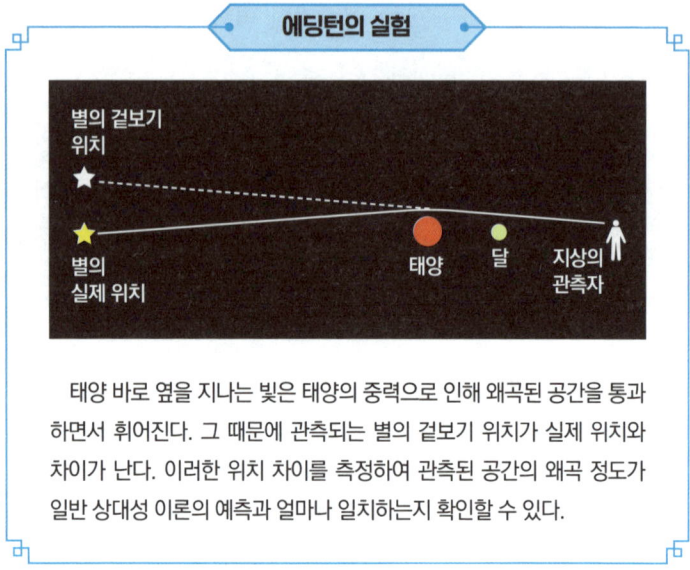

태양 바로 옆을 지나는 빛은 태양의 중력으로 인해 왜곡된 공간을 통과하면서 휘어진다. 그 때문에 관측되는 별의 겉보기 위치가 실제 위치와 차이가 난다. 이러한 위치 차이를 측정하여 관측된 공간의 왜곡 정도가 일반 상대성 이론의 예측과 얼마나 일치하는지 확인할 수 있다.

질량이 없는 빛조차 중력으로 휘어지기 때문에 등속 직선 운동을 관찰하려면 우주에 단 하나의 질점이나 단 한 줄기의 빛만 존재하는 상황, 즉 공간을 왜곡하는 어떤 것도 없는 완벽한 진공 상태이어야 한다. 이런 의미에서 등속 직선 운동은 현실에서는 거의 불가능하며 매우 이상적인 상황에서만 성립할 수 있다.

그럼에도 우리가 일상에서 등속 직선 운동을 비교적 쉽게 관찰할 수 있다고 생각하는 이유는 그 차이가 매우 작아서 육안으로는 거의 감지되지 않기 때문이다. 학교에서 배우는 손수레 등을 이용한 등속 직선 운동 실험은 이런 미세한 차이를 무시해도 될 정도의 규모에서 이루어진다.

다음 그림은 일반 상대성 이론에서 논의되는 슈바르츠실트 해(Schwarzschild solution)를 나타낸다. 이는 질량에 의해 왜곡된 공

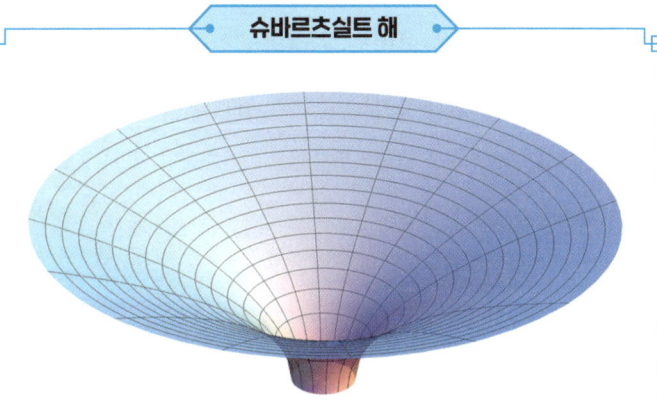

슈바르츠실트 해

슈바르츠실트 해는 블랙홀이 있는 경우를 2차원 평면상에서 표현하고 있지만 3차원 공간을 완벽히 표현하지는 못한다. 이 모델에서 높이 방향 (3차원)은 공간 내의 거리가 아닌 에너지의 크기를 나타낸다.

이를 산의 지형으로 쉽게 이해할 수 있다. 산기슭에서 정상으로 가려면 땀을 흘리며 움직여야 하므로 산의 정상 쪽이 에너지가 더 크다. 즉 높은 곳은 에너지가 크고 낮은 곳은 에너지가 작기 때문에 미끄럼틀처럼 힘들이지 않고 위에서 아래로 미끄러져 내려갈 수 있다.

블랙홀 주변에서도 블랙홀에 가까울수록 에너지가 커지므로, 주위 물체들이 마치 미끄럼틀을 타듯 블랙홀을 향해 떨어진다. 이러한 현상을 2차원 그림에서는 '높이'로 표현한다. 하지만 현실은 3차원이며, 3차원 공간과 에너지 크기를 동시에 표현하려면 4차원이 필요하다. 따라서 2차원 평면에서 이와 같은 3차원 공간을 정확히 그리기는 어렵다.

간의 대표적 예시로, 중심에는 블랙홀에 해당하는 질점이 있다. 실제 우주 공간은 3차원이므로 이러한 왜곡을 평면상에 정확히 표현할 수 없다. 슈바르츠실트 해는 진공해(眞空解)로도 알려져 있으며, 중심의 한 점을 제외하고 우주 공간에 어떠한 물질도 존재하지 않는 상태를 의미한다. 흥미로운 점은 이 해가 물질이 없는 완전한 진공 상태에서도 공간이 휘어질 수 있음을 보여 준다는 것이다(다만 질량을 중앙에 두지 않고 이러한 공간 왜곡을 만드는 방법은 아직 알려지지 않았다).

무기와 역학은 불가분의 관계

포물선 운동

고등학교 물리 수업에서 배우는 역학 개념 중 하나인 포물선 운동은 역사적으로 무기의 발전과 밀접한 관련이 있다.

기독교를 믿지 않는 사람도 다윗과 골리앗의 이야기를 한 번쯤 들어 봤을 것이다. 다윗은 기원전 1000년경부터 기원전 961년경까지 이스라엘을 통치한 왕으로 전해진다. 이 이야기가 실화인지는 확실하지 않지만 그 설정은 매우 사실적이다.

당시 이스라엘과 블레셋은 적대 관계로, 언제 전쟁이 나도 이상하지 않은 상태였다. 블레셋의 거인 전사 골리앗은 불필요한 유혈을 피하고자 이스라엘 측에 일대일 결투를 제안했다. 구약성경에 따르면 골리앗의 키는 약 3m에 달했다고 하는데, 이 압도적인 체구 때문에 아무도 나서지 못했다. 그때 젊은 양치기 소년인 다윗이 나섰고, 투석기만으로 골리앗을 쓰러뜨린 뒤 그의 칼로 목을 베어 결투에서 승리했다.

다윗이 사용한 투석기는 정말 단순한 무기였다. 가죽끈으로 고리를 만들고 넓은 부분에 돌을 넣은 다음, 빙빙 돌려 힘을 모았다가 한쪽 끈을 놓는 방식이었다. 이렇게 발사된 돌은 초기 속도와 발사 각도에 따라 궤적이 결정되며 중력의 영향을 받아 포물선을 그리며 날아간다. 이런 특성 때문에 투석기는 '포물선 운동 무기'로 볼 수 있다.

투석기는 활과 더불어 인류가 최초로 만든 장거리 무기로 여겨진다. 과학자들은 이 무기가 중석기 시대인 기원전 1만 년 경에 이미 사냥 도구로 실용화되었을 것으로 추정한다. 시간이 흐르며 농경이 발달하고 인간 사회에 부의 축적이 이루어지자, 이를 둘러싼 갈등이 발생하면서 투석기의 표적은 짐승에서 인간으로 점차 바뀌었다.

그 후에도 인류는 포물선 운동을 무기로 꾸준히 활용했다. 도시 문명이 발달하면서 전투의 중심은 거대한 요새나 성에 숨어 있는 적을 몰아내는 방향으로 변화했고, 그에 따라 공성용 투석기인 캐터펄트가 등장했다. 돌을 던지는 동력으로 동물 힘줄의 탄력을 이용하거나 무게의 반동을 활용하는 등 다양한 방식이 있었다. 하지만 투척 후 돌의 궤도를 제어하는 데는 여전히 포물선 운동의 원리가 핵심적인 역할을 했다.

물리 시험에 자주 나오는 포물선 운동 문제

이제 포물선 운동에 대해 교과서에 나오는 대로 설명해 보겠다. 포물선 운동은 물체에 초기 속도를 가하여 공중에 비스듬히 던졌을 때 나타나는 물체의 운동을 말한다.

공기 저항이 무시할 수 있을 만큼 작다고 가정하면 이렇게 던진 물체는 포물선을 그리며 움직인다. 놀랍게도 이 포물선 운동은 갈릴레이의 유명한 '피사의 사탑 실험'에서 볼 수 있는 자유 낙하 운동의 변형이다. 전해지는 이야기로 갈릴레이는 단순히 쇠공을 놓아 아래로 떨어뜨렸지만, 포물선 운동은 쇠공에 초기 속도를 주어 던진다는 점이 다르다.

물체가 공중에 던져진 후에는 중력만 작용하며, 물체의 궤적은 중력이라는 변수로 결정된다. 어떤 초기 속도로 던지더라도 방출 후에는 중력 이외의 힘이 작용하지 않으므로 포물선 운동도 자유 낙하 운동의 한 종류라고 볼 수 있다.

포물선 운동의 핵심은 수평 방향으로는 등속도 운동을, 연직 방향으로는 아래쪽으로 등가속도 운동을 동시에 한다는 것이다. 등가속도 운동은 일정한 가속도로 진행하는 운동으로, 대표적으로 자유 낙하나 비탈길에서 굴러가는 공의 움직임이 있다. 또한 포물선 운동의 또 다른 특징은 연직 방향의 운동과 수평 방향의 운동이 서로 영향을 주지 않는다는 점이다.

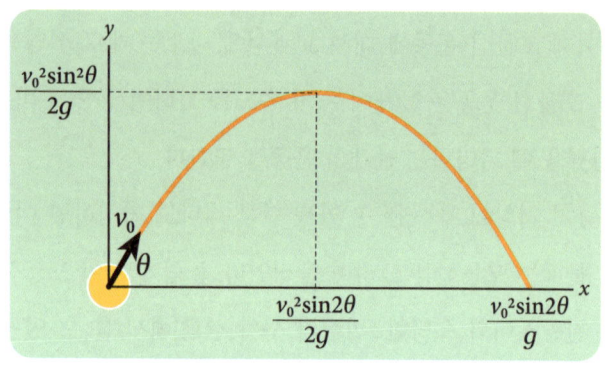

초기 속도 v_0와 각도 θ의 발사각으로 던진 물체의 궤적 그래프

그러면 이를 참고하여 다음과 같은 문제를 생각해 보자.

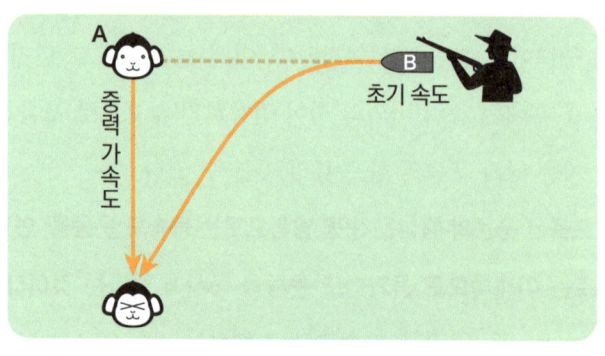

몽키 헌팅 실험 예시 1

같은 높이에 있는 두 질점 A와 B를 상상해 보자. A와 B 모

두 중력 가속도로 자유 낙하하지만 B만 수평 방향으로 A를 향해 초기 속도를 주어 떨어뜨린다. 그렇다면 A와 B가 낙하 도중에 부딪히려면 B에 초기 속도를 얼마나 주어야 할까? (수평 방향으로 발사하는 것도 포물선 운동의 일종이다.)

이 문제는 언뜻 어려워 보이지만 답은 놀랍게도 아주 간단하다. 초기 속도와 상관없이 두 물체는 반드시 부딪힌다는 것이다. 왜 그럴까?

먼저 A와 B는 낙하 과정 내내 같은 높이를 유지한다는 점에 주목해야 한다. B는 수평 방향으로만 초기 속도가 주어졌고 연직 방향으로는 주어지지 않았기 때문에 A와 B 모두 연직 방향으로는 똑같이 움직인다. 그러다 보면 B가 수평으로 이동하여 A가 있는 곳에 도달하는 순간이 온다. 그때 A도 정확히 같은

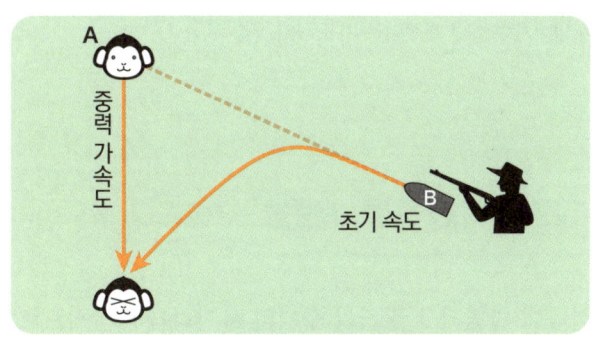

몽키 헌팅 실험 예시 2

자리에 있을 것이므로 두 질점은 반드시 부딪히게 된다.

이러한 원리는 더 일반적인 상황에서도 적용할 수 있다. 만약 A와 B가 처음에 다른 높이에 있다면 어떻게 될까? 이 경우에도 B에게 주는 초기 속도를 A의 방향으로 설정하면 된다(초기 속도의 크기는 무관하다). B가 수평 방향으로 A의 위치에 도달하는 순간에 A도 그 자리에 있을 것이다. 중력에 의한 낙하 거리는 A와 B 모두 같고, 전체가 연직 방향으로 평행 이동할 뿐이기 때문이다. 결과적으로 A와 B의 상대적인 위치 관계는 중력의 존재와 무관하게 유지된다.

이처럼 포물선 운동의 원리는 몽키 헌팅이라는 실험으로도 증명할 수 있다. 몽키 헌팅 실험은 나무에 매달린 원숭이를 향해 사냥꾼이 총을 발사하는 순간, 놀라서 나뭇가지에서 떨어지는 원숭이를 총알이 정확히 맞힌다는 내용이다(총알이 포물선 운동을 하며 날아가는 동안 원숭이는 자유 낙하 운동을 한다).

갈릴레이와 포물선 운동

화약이 발명되고 장거리 무기의 사거리가 비약적으로 늘어났지만 포물선 운동은 여전히 중요한 역할을 담당했다. 역학의 창시자로 알려진 갈릴레이도 자신의 포술 능력을 오늘날로 치면 취업 이력서에 기재할 정도였다.

재미있는 사실은 17세기 갈릴레이 이전까지 포물선 운동에 관한 학술적 연구 기록을 찾아보기 어렵다는 것이다. '피타고라스의 정리'가 기원전 그리스 시대에 이미 알려졌던 것을 고려하면 포물선 운동과 같은 비교적 단순한 운동이 화약 대포가 발명될 때까지 연구되지 않았다는 사실이 놀랍다.

천재적인 과학자 갈릴레이조차 포물선 운동을 이해하는 데 필수적인 법칙, 즉 '수직으로 낙하하는 질점의 낙하 거리는 낙하 시간의 제곱에 비례한다'는 사실을 발견하는 데 큰 어려움을 겪었다. 이 법칙이 늦게 발견된 이유는 자로 쉽게 측정할 수 있는 '거리'와 달리 '시간'은 당시 정확히 측정하기가 어려웠기 때문으로 보인다(갈릴레이는 물시계로 시간을 측정했다고 한다).

포물선 운동을 처음으로 해명한 갈릴레이는 이 지식을 군사적으로 활용하여 '군사용 컴퍼스'라는 장치를 개발해 판매했다. 표적까지 포탄을 발사하는 데 필요한 화약의 양을 자동으로 계산한다고 광고했으나 실제로는 표적까지의 거리와 높이를 측정하는 도구에 불과했다. 이후 항공기가 발달하고 폭격이 효과적인 공격 수단이 되고 나서도 폭탄의 궤적은 기본적으로 포물선 운동에 의존할 수밖에 없었다.

갈릴레이의 군사용 컴퍼스(위)와 작동 원리(아래)

(출처: Sage Ross, CC BY-SA 3.0)

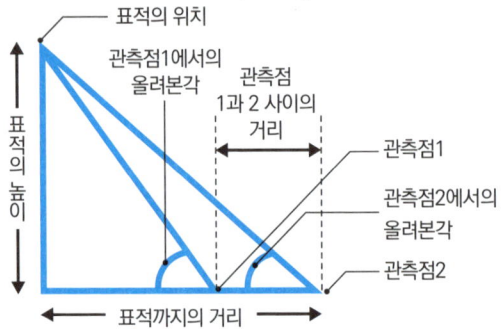

표적의 올려본각을 두 관측점에서 측정하고, 두 관측점 사이의 거리를 보폭 등으로 측정한다. 이 세 가지 측정값을 삼각함수 공식에 적용하면 표적의 높이와 거리를 계산하여 표적에 명중하기 위한 발사 각도와 초기 속도를 결정할 수 있다.

포물선 운동은 수평 방향의 등속도 운동과 연직 방향의 등가속도 운동의 조합으로 도달 지점이 결정된다. 따라서 같은 발사점이라도 표적에 정확히 명중시키는 초기 속도와 발사각의 조합이 무수히 존재하여 상황이 복잡해진다.

대부분의 화기는 초기 속도를 자유롭게 제어하기 어려워 일정한 속도로 발사하도록 설계된다. 그래서 비거리는 발사 각도로만 조절할 수 있다. 포를 설계할 때 가장 먼저 초기 발사 속도를 고려한다. 45°로 발사하면 가장 먼 거리를 날아갈 수 있지만, 이 경우 탄환이 지면에 도달하는 각도(착탄각) 역시 45°로 고정된다.

그러나 착탄각이 45°라고 해서 항상 최대의 타격 효과가 보

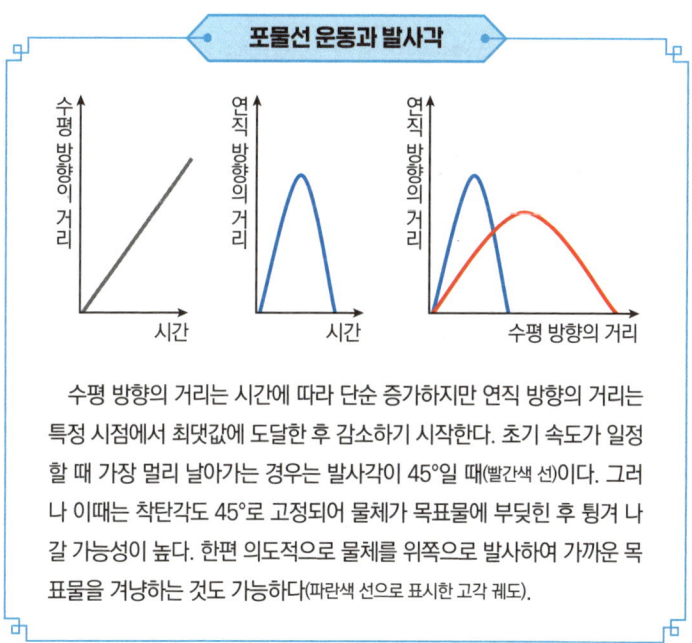

포물선 운동과 발사각

수평 방향의 거리는 시간에 따라 단순 증가하지만 연직 방향의 거리는 특정 시점에서 최댓값에 도달한 후 감소하기 시작한다. 초기 속도가 일정할 때 가장 멀리 날아가는 경우는 발사각이 45°일 때(빨간색 선)이다. 그러나 이때는 착탄각도 45°로 고정되어 물체가 목표물에 부딪힌 후 튕겨 나갈 가능성이 높다. 한편 의도적으로 물체를 위쪽으로 발사하여 가까운 목표물을 겨냥하는 것도 가능하다(파란색 선으로 표시한 고각 궤도).

장되지는 않는다. 탱크 장갑에 탄두가 명중할 때를 떠올려 보자. 탄환이 너무 얕은 각도로 장갑에 맞으면 튕겨 나갈 수 있으며, 이 경우 탄환의 관통력이 크게 약화된다. 탄환의 초기 속도가 일정할 때는 비거리를 조절하면 착탄각도 변하기 때문에 무기 설계자들의 오랜 고민거리였다.

정밀 유도 무기가 개발되고 나서야 인류의 무기는 포물선 운동의 제약에서 벗어날 수 있었다. 이제는 휴대용 탄도 무기까지도 정밀 유도 기술을 적용하여 보병이 운용할 수 있다. 이러한 무기들은 궤도를 정밀하게 제어하여 발사각과 비거리의 한계를 극복했으며, 어떤 거리에서 발사해도 목표물에 직각으로 충돌하도록 설계되어 최적의 성능을 발휘한다.

그러나 인류는 포물선 운동의 원리에서 아직 완전히 자유롭지 못하다. ICBM(대륙 간 탄도 유도탄) 같은 장거리 무기로 인접국을 공격하려면 '고각 궤도(lofted trajectory)'라는 특수한 방식을 사용해야 한다. 이는 의도적으로 연직에 가까운 각도로 발사하여 수평 방향의 속도를 감소시키는 전략이다.

하지만 기술이 더욱 발전하면 포물선 운동을 따르는 비행체들이 점차 사라져서 결국 스포츠 경기에서만 볼 수 있게 될지도 모른다. 그때가 되면 고등학교 물리 교과과정에서 포물선 운동을 대표적인 역학적 운동으로 다루지 않을 수도 있다.

비행기는 어떻게 날 수 있을까?

양력

비행기는 인공위성인가?

이론적으로는 지표면 바로 위에서도 인공위성이 떨어지지 않고 지구를 돌 수 있다. 하지만 실제로는 공기 저항으로 인해 궤도를 유지하기가 어렵다. 그렇다면 비행기가 공기 저항으로 인한 속도 감소를 막기 위해 계속 가속하면서 인공위성처럼 지구를 주회한다고 생각할 수도 있다.

그러나 실제 비행기가 제트 엔진을 계속 가동하며 일정한 속도로 날 수 있는 비결은 제트 엔진이 비행기가 마주치는 공기 저항과 균형을 이루는 만큼의 추력을 생성하기 때문이다. 다시 말해 제트 엔진은 비행기를 직접 들어 올릴 만큼의 추력을 생성하지 않는다. 실제로 비행기를 공중으로 띄우는 것은 날개가 만들어 내는 양력이다.

지표면에서의 거리(고도)와 인공위성 속도의 관계

인공위성이 지상에 떨어지지 않고 지구 주위를 돌기 위해 필요한 속도

고도 1,000km → 시속 약 26,500km
고도 400km → 시속 약 27,600km
→ 시속 약 28,500km

(출처: NASA)

 인공위성이 지구 주위를 안정적으로 돌기 위해서는 중력과 균형을 이루는 원심력이 필요하다. 원심력은 시속이 빠를수록 커지지만 중력은 지표면에서의 거리(고도)가 멀어질수록 약해진다. 따라서 고도가 높아질수록 중력 감소에 맞춰 속도를 줄여야 균형을 유지할 수 있다.
 또한 고도가 충분히 높아지면 대기가 매우 희박하거나 거의 진공 상태가 되어 공기 저항을 극복하기 위한 추력이 필요 없어진다. 그래서 인공위성은 제트 엔진 없이도 일정한 속도를 유지하며 지구를 계속 공전할 수 있다.

 즉 제트 엔진은 기체를 띄우는 방향(다시 말해 중력에 반대되는 방향)으로는 작용하지 않고 수평 방향으로의 가속만 담당한다. 상하 방향의 가속에는 기여하지 않았는데 제트기가 추락하지 않으니 공기 저항을 상쇄하여 인공위성처럼 떠 있는 게 아닐까

상상하는 것도 무리는 아니다.

하지만 실제로는 그렇지 않다. 공기가 없는 환경에서 비행기가 지표면 바로 위를 날아 인공위성이 되려면 시속 28,500km라는 엄청난 속도가 필요하다. 이는 음속(약 1,200km/h)의 20배 이상, 즉 마하 20 이상에 해당한다. 현재 유인 비행기의 최고 속도 기록은 미국의 극초음속 실험기 X-15가 달성한 마하 6.7에 불과하다. 따라서 제트기가 인공위성처럼 떠 있기 위해 필요한 속도는 현재 기술로는 달성할 수 없다.

그렇다면 제트기는 상하 방향의 추력이 없는데도 어떻게 떨어지지 않고 계속 날 수 있을까? 이는 비행기 날개에 작용하는 압력, 즉 양력 덕분이다.

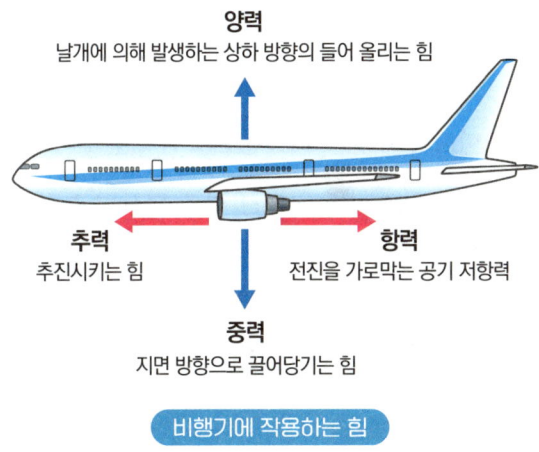

비행기에 작용하는 힘

날개에 작용하는 압력의 총합은 날개의 면적에 비례하기 때문에 제트기는 매우 큰 날개가 필요하다. 비행기의 무게는 부피에 비례해 증가하지만 양력은 날개의 면적에 비례한다. **이 때문에 비행기가 클수록 동체에 비해 상대적으로 큰 날개가 필요하다. 아니면 단위 면적당 양력을 높여야 한다.**

동일한 날개 면적으로 양력을 증가시키려면 어떻게 해야 할까? 실제로 날개에 작용하는 단위 면적당 양력은 비행 속도의 제곱에 비례한다. 만약 무게에 비례하여 날개를 크게 만들 수 없다면 비행 속도를 높이는 것이 유일한 해결책이다. 즉 무거운 비행기는 더 빠른 속도로 날아야 자체 무게를 지탱할 수 있다.

점보제트기 같은 초대형 항공기는 무거운 기체를 들어 올리기 위해 긴 활주로에서 가속하여 충분한 양력을 얻어야 한다. 반대로 4인승 경비행기인 세스나기는 낮은 속도로도 양력을 충분히 얻을 수 있어 짧은 활주로에서도 이륙할 수 있다.

하지만 비행기는 마음대로 속도를 선택할 수 없다. 정해진 속도보다 빠르게 비행하면 양력이 너무 커져 비행기가 상승하게 되고, 그보다 느리게 비행하면 양력이 부족하여 추락할 위험이 있다.

이러한 제약을 극복하기 위해 조종사들은 비행기를 위로 약간 기울이는 방법(받음각)으로 양력을 조절한다. 기수(비행기의

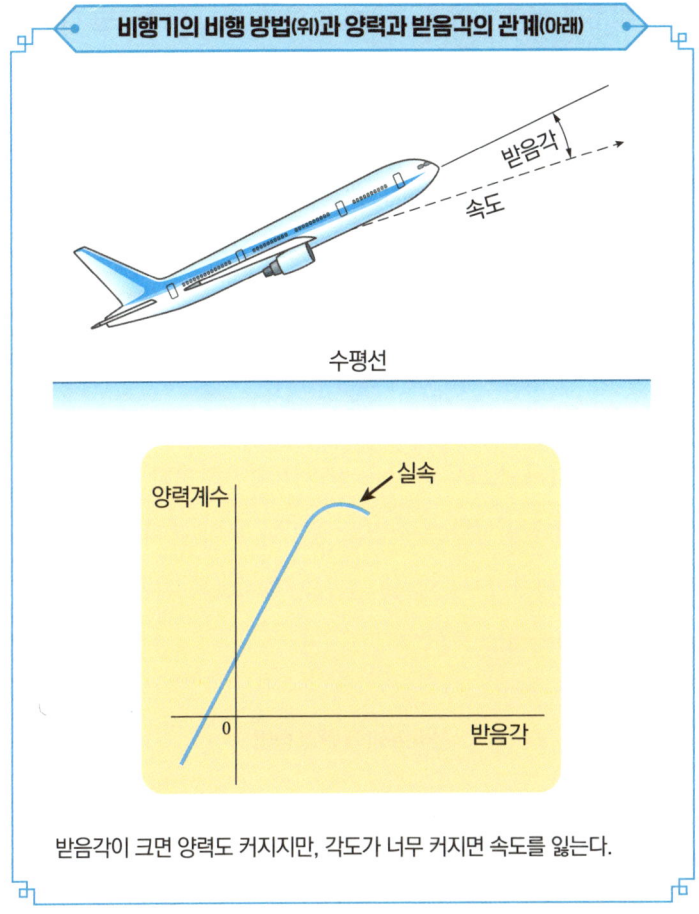

받음각이 크면 양력도 커지지만, 각도가 너무 커지면 속도를 잃는다.

앞부분)를 올리면 받음각이 증가하여 양력이 커지고, 내리면 양력이 감소한다. 따라서 고속으로 비행할 때는 기수를 약간 내리고, 저속으로 비행할 때는 기수를 올린다. 실제로 수평 비행 중에도 비행기 바닥이 약간 기울어져 있다. 믿기 어렵다면 다음에 비행기를 탈 때 작은 구슬을 가져가서 바닥에 살짝 놓아 보자. 구슬이 천천히 굴러가는 모습을 볼 수 있을 것이다.

비행기 날개에 작용하는 양력은 다른 곳에도 응용된다. 먼저 선박의 방향타를 살펴보자. 방향타는 진행 방향에 대해 비스듬한 판을 놓아 회전력을 주어 선박의 방향을 바꾸는 장치다. 이는 비행기가 기수를 살짝 들어 올려 속도가 조금 느려도 추락하지 않는 것과 유사하다.

프로펠러와 스크루도 같은 원리를 활용하지만 작동 방식이 다르다. 날개나 방향타는 주변의 공기나 물이 움직이면서 힘을 받지만 프로펠러와 스크루는 스스로 회전하여 정지해 있는 공기나 물을 밀어낸다.

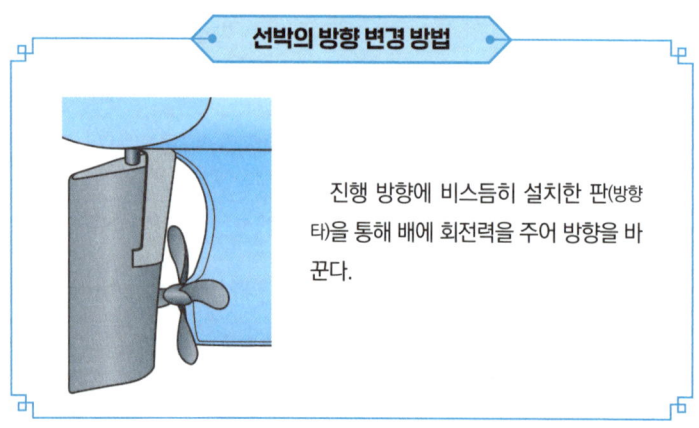

선박의 방향 변경 방법

진행 방향에 비스듬히 설치한 판(방향타)을 통해 배에 회전력을 주어 방향을 바꾼다.

프로펠러와 스크루는 외관상으로도 큰 차이가 있다. 하지만 액체와 기체의 차이로 보기에는 선풍기 날개는 비행기 프로펠러보다 선박의 스크루와 모양이 더 비슷하다. 답은 '유체를 움직이려는 목적'에 있다. **선박의 스크루나 선풍기 날개는 폭이 넓고 나선형인데, 기본적으로 유체를 '밀어내는' 것이 주목적이기 때문이다.** 선박의 경우에는 스크루가 물을 뒤로 밀어내면서 그 반작용으로 앞으로 나아간다. 운동량 보존 법칙에 따라 물이 후방으로 움직이는 만큼 배가 전진해야 초기 상태의 운동량(정지 상태)을 유지하는 것이다. 선풍기도 마찬가지로 날개가 회전하며 공기를 밀어낸다.

그렇다면 왜 비행기 프로펠러는 이 원리를 채택하지 않았을까? 바로 '밀도'의 차이 때문이다. 스크루를 회전시켜 유체에 줄 수 있는 속도에는 한계가 있다. 힘은 유체의 속도뿐 아니라 밀도에도 크게 영향을 받는다. 같은 속도로 유체를 밀어내도 액체에 비해 훨씬 가벼운 기체를 밀면 반작용력이 매우 낮아진다. 이론적으로는 스크루를 더 빠르게 회전시켜 보완할 수 있지만 기체의 밀도가 액체의 1,000분의 1 수준이라 이 차이를 극복하려면 스크루를 공기 중에서 물속보다 1,000배 빠르게 돌려야 한다. 따라서 현실적으로는 불가능하다.

결국 비행기 프로펠러는 스크루보다 얇게 설계되어 훨씬

빠르게 회전할 수 있다. 1회전당 밀어내는 공기의 양은 적지만 높은 회전 속도로 추력을 충분히 얻을 수 있다. 이것이 바로 비행기 프로펠러가 선박의 스크루와는 전혀 다른 모습을 갖게 된 이유다.

선박의 스크루는 초당 약 1회 회전하지만 비행기 프로펠러는 세스나기와 같은 경비행기도 초당 30~40회에 달한다. 그래도 부족하기 때문에 경비행기는 기체 크기에 비해 상대적으로 매우 큰 프로펠러를 장착한다. 선박의 스크루와 선체 크기의 비

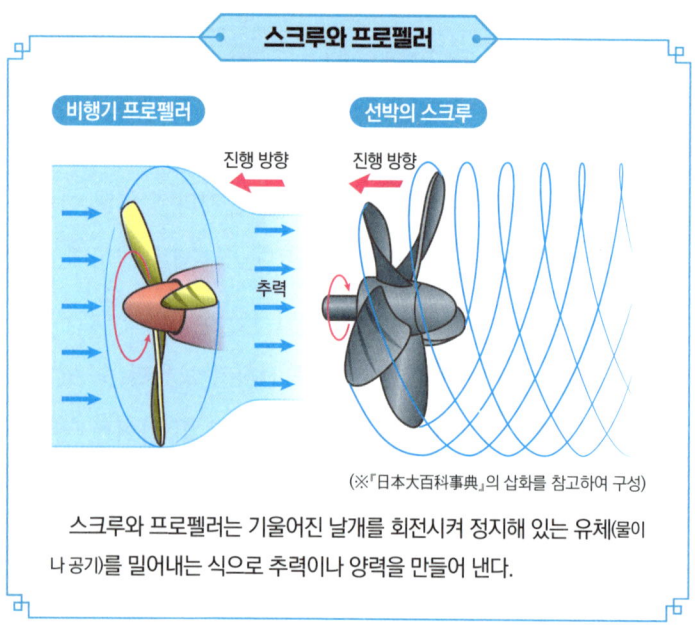

(※『日本大百科事典』의 삽화를 참고하여 구성)

스크루와 프로펠러는 기울어진 날개를 회전시켜 정지해 있는 유체(물이나 공기)를 밀어내는 식으로 추력이나 양력을 만들어 낸다.

율을 고려하면 확연히 다르다.

비행기와 선박의 이동을 고려하면 공기와 물의 저항을 방해물로만 여기기 쉽다. 예를 들어 배가 빠르게 항해하지 못하는 주된 이유는 물의 저항이 크기 때문이다. 하지만 물이나 공기의 저항이 있어 움직일 수 있는 경우도 많다. 마찰이 전혀 없는 상황에서는 지면을 밀어내지 못해 걷는 것조차 불가능하다는 점을 생각해 보면 이해하기 쉬울 것이다.

5

트럭과 승용차가 충돌하면 피해가 큰 이유

운동량 보존 법칙

    승용차를 타고 고속도로를 운전할 때, 대형 10톤 트럭이 바짝 뒤따라오면 많은 사람이 왠지 모를 공포와 압박감을 느낀다. 트럭이 법정 속도를 지키며 안전 운전을 하고 있어도 불안한 마음이 사라지지 않는다. 뒤에 붙어 있는 것이 승용차나 오토바이였다면 그렇게까지 무섭지 않을 텐데 말이다.

    물리학 측면에서 보면 이러한 공포감은 매우 합리적인 감정이다. 대형 트럭과 승용차 간의 사고는 일반 자동차 간의 사고와 비교할 때 피해 규모가 확연히 다르기 때문이다.

    당연히 일반 자동차도 사람을 치면 치명적일 수 있어 위험하다. 하지만 대형 트럭이 관여하면 왜 차량 손상뿐 아니라 탑승자의 피해 규모도 커질까? 그만큼 큰 차이가 있다면 그 이유는 무엇일까? 이런 의문은 운동량 보존 법칙을 알면 쉽게 해결할 수 있다.

운동량으로 교통사고를 분석해 보면

평소에는 잘 쓰이지 않지만 운동의 강도를 나타내는 '운동량'이라는 물리량이 있다. 운동량은 질량과 속도를 곱한 값이다. 고등학교 물리 교과서는 외부의 힘이 작용하지 않는 '닫힌계'('계'는 관심 대상이 되는 물체들의 집합을 의미함)에서 '질량과 속도의 곱으로 정의되는 운동량이 보존된다'고 설명한다. 이것이 바로 운동량 보존 법칙이며 수식으로 다음과 같이 표현할 수 있다.

운동량 = 질량 × 속도
(이에 따르면 운동량은 일정하다.)

질량이 보존되는 이상(보통 자동차나 트럭은 질량이 변하지 않는다) 속도 역시 보존된다. 즉 '일정한 속도'가 성립된다. 다시 말해 멈춰 있는 물체는 계속 멈춰 있고, 움직이는 물체는 계속 움직이게 된다는 의미이며, 운동량 보존 법칙은 관성의 법칙을 포함하고 있다고 볼 수 있다.

한편 운동량 보존 법칙은 외부에서 힘이 작용할 때는 성립하지 않는다(다만 내부에서 상호작용하는 힘이 있는 경우는 예외). 그런 경우에 운동량 보존 법칙은 다음과 같은 식으로 나타낼 수 있다.

운동량(질량 × 속도)의 변화량 = 힘 × (힘이 작용한 시간)

여기서 우변의 '힘 × (힘이 작용한 시간)'을 충격량이라고 한다. 참고로 식의 양변을 '힘이 작용한 시간'으로 나누면 다음과 같은 식이 된다.

$$\frac{(질량 \times 속도)의\ 변화량}{힘이\ 작용한\ 시간} = 힘$$

여기서 질량은 변하지 않으므로 다음과 같은 식으로 정리할 수 있다.

$$질량 \times \frac{속도\ 변화량}{힘이\ 작용한\ 시간} = 힘$$

이 식에서 '속도 변화량'을 '시간'으로 나눈 것이 가속도다. 따라서 다음과 같은 운동 방정식은 운동량 보존 법칙을 포함하고 있다.

$$질량 \times 가속도 = 힘$$

이와 같이 운동량 보존 법칙은 물리 수업 때 배운 개념들을 연결하여 이해할 수 있는 중요한 법칙이지만 에너지 보존 법칙만큼 대중적으로 알려지지는 않았다.

차는 왜 갑자기 멈추지 못할까?

차가 갑자기 멈추지 못하는 이유는 운동량 보존 법칙을 통해 쉽게 이해할 수 있다. 먼저 차가 멈추기까지의 거리는 두 부분으로 구성된다. 운전자가 위험을 인지하고 브레이크를 밟기 시작할 때까지 차량이 이동하는 거리인 '공주거리'와 브레이크가 실제로 작동하기 시작해서 차량이 완전히 멈출 때까지의 거

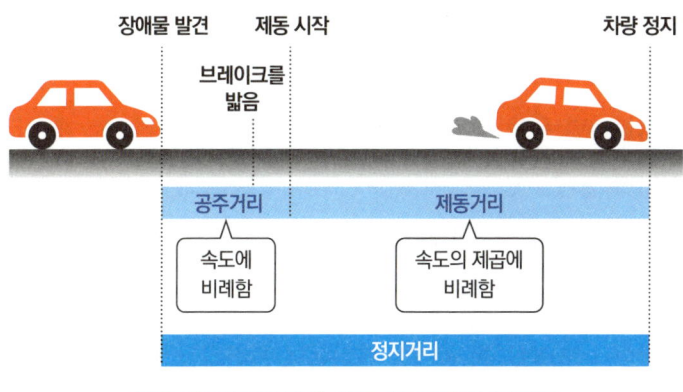

정지거리는 공주거리와 제동거리로 구성된다

리인 '제동거리'다. 이 두 거리의 합이 정지거리가 된다.

먼저 타이어와 노면 사이의 마찰력으로 생성되는 제동력이 일정하다고 가정하면 다음과 같은 식으로 정리할 수 있다.

$$\begin{aligned}
&\text{브레이크가 작동하여 차량이 멈출 때까지의 시간} \\
&= \text{속도가 0km/h가 될 때까지의 시간} \\
&= \text{질량} \times \frac{\text{브레이크가 작동하기 직전의 속도}}{\text{제동력}}
\end{aligned}$$

즉 차량이 멈추는 시간(브레이크가 작동하여 멈출 때까지의 시간)은 속도에 비례한다. 예를 들어 시속 100km로 주행 중인 차량이 멈추는 데 걸리는 시간은 시속 50km일 때의 2배가 된다.

한편 제동거리는 속도의 제곱에 비례한다. 운동 에너지는 속도의 제곱에 비례하여 증가하지만 브레이크가 가하는 힘은 속도와 무관하게 일정하기 때문이다. 따라서 차량을 완전히 정지시키려면 운동 에너지에 비례한 거리만큼 지속적으로 제동을 걸어야 한다.

예를 들어 시속 100km로 주행 중이면 브레이크가 작동하여 차량이 멈출 때까지의 거리는 시속 50km일 때보다 4배 길어진다. 여러분은 이 사실을 의식하며 운전하고 있는가? 그렇지 않다면 내일부터라도 이 점에 유의하며 운전하도록 해 보자.

속도 차이에 따른 정지거리의 변화

또한 질량이 다른 두 물체가 정면충돌할 때 탑승자가 느끼는 충격력도 운동량 보존 법칙으로 설명할 수 있다. 질량이 다른 물체의 충돌 전후 상황을 고려하면 다음 식이 성립한다.

**(큰 질량 × 충돌 전 속도) + (작은 질량 × 충돌 전 속도)
= (큰 질량 × 충돌 후 속도) + (작은 질량 × 충돌 후 속도)**

작용하는 힘은 두 질량 사이에만 있고 외부에서 작용하는 힘은 없다. 따라서 위 식을 변형하면 다음과 같은 식도 성립한다.

**큰 질량 × (충돌 전 속도 − 충돌 후 속도)
= 작은 질량 × (충돌 후 속도 − 충돌 전 속도)**

충돌 전후로 대형 트럭과 일반 자동차의 질량은 변하지 않으므로 이 식이 성립하려면 '큰 질량의 속도 변화량'이 '작은 질량의 속도 변화량'보다 작아야 한다.

큰 질량의 속도 변화량 < 작은 질량의 속도 변화량

교통사고 시 발생하는 충격력은 '질량 × 가속도'로 구할 수 있다. 앞에서 설명한 대로 가속도는 '속도 변화량 ÷ 걸린 시간'으로 구한다.

또한 충돌은 순간적으로 일어나는 것처럼 보이지만 실제로는 유한한 시간 동안 발생한다. 이 충돌 시간으로 충돌 전후의 속도 변화량을 나누면 가속도를 구할 수 있다.

$$\frac{\text{큰 질량의 속도 변화량}}{\text{충돌 시간}} < \frac{\text{작은 질량의 속도 변화량}}{\text{충돌 시간}}$$

= 큰 질량의 가속도 < 작은 질량의 가속도

여기에 인간의 질량을 곱하면 다음과 같이 간단하게 정리할 수 있다.

**인간의 질량 × 큰 질량의 가속도
< 인간의 질량 × 작은 질량의 가속도**

여기서 '질량 × 가속도'는 힘이므로, 일반 자동차(작은 질량) 안에 있는 사람이 받는 충격력이 트럭(큰 질량) 안에 있는 사람이 받는 충격력보다 훨씬 크다는 것을 알 수 있다.

**충돌 시 큰 질량에 타고 있는 사람이 받는 충격력
< 충돌 시 작은 질량에 타고 있는 사람이 받는 충격력**

결과적으로 충돌 시 물체의 가속도로 인해 탑승자가 받는 힘(충격력)의 비는 충돌하는 물체의 질량비에 반비례한다. 즉 대형차와 소형차가 충돌했을 때, 대형차 운전자는 상대적으로 작은 충격을 받지만 소형차 운전자는 비교할 수 없을 정도로 큰 충격을 받는다.

일반적으로 10톤 트럭이라 불리는 대형 트럭이 화물을 가득 실었을 때 주행 시 총중량은 화물과 차량을 합쳐 20톤에 달한다. 반면 일반 자동차의 무게는 1톤 정도에 불과하다. 다시 말해 일반 자동차 운전자가 받는 충격력은 대형 트럭 운전자의 20배나 된다. 그래서 일반 자동차와 대형 트럭이 충돌하면 일반 자동차

탑승자는 사망하거나 중상을 입지만 대형 트럭 운전자는 상대적으로 경미한 부상에 그치는 경우가 많다.

이런 말이 이상하게 들릴 수 있지만 항공기 사고는 대형차와 소형차의 충돌을 극단적으로 보여 주는 예다. 다시 말해 항공기 추락 사고는 지구와 항공기 간의 충돌로 볼 수 있다.

충돌 시 발생하는 가속도로 인한 탑승자의 충격력은 탑승한 물체의 질량에 반비례한다. 따라서 항공기가 추락했을 때 항공기 탑승자가 받는 충격과 지구에 살고 있는 인류가 받는 충격의 비는 항공기와 지구 질량의 역비가 된다. 지구의 질량이 항공기의 질량보다 압도적으로 크기 때문에 이 비율은 극히 낮은 값을 가진다. 결과적으로 지구상의 인류는 지구가 항공기와 충돌했다는 사실을 전혀 알아차리지 못한다.

격투기 만화에서는 체격이 작은 인물이 거대한 상대를 공격해도 상대는 아무런 타격도 받지 않는 장면이 종종 나온다. 많은 사람이 이를 '체격이 우월한 쪽이 힘이 세다' 또는 '근육이 많아서'라고 이해하곤 한다. 하지만 운동량 보존 법칙을 제대로 이해한다면 체격이나 근육보다 체중이 결정적인 요인임을 알 수 있다.

체중이 가벼운 주인공이 거대하고 무거운 적을 때리는 경우를 상상해 보자. 주인공은 상대에게 가한 힘과 같은 크기의 힘을 반대 방향으로 받게 된다. 더욱이 체중이 적을수록 같은 힘에 의한 가속도가 커진다. 즉 상대가 강하든 약하든 체중 차이가 나는 상대를 공격하고 오히려 자신이 반동으로 밀려나는 것은 물리학 측면에서는 당연한 결과다. 이런 현상은 운동 실력, 근육, 체격 차이와는 무관하게 발생한다.

이런 이유로 격투기에서는 체급별로 경기를 엄격하게 구분한다. 체중 차이가 있는 대결은 본질적으로 무거운 선수에게 유리하고 가벼운 선수에게는 불리하기 때문이다. 따라서 진정한 실력 비교를 위해서는 체중 차이를 일정 범위로 제한하는 체급제가 필수다.

가속도를 얕보지 마라

고등학교 물리 교과서에는 운동량 보존 법칙의 원리를 활용한 실험이 자주 등장한다. 한 가지 예를 들어 보겠다.

먼저 크기가 다른 공 2개를 준비한다. 큰 공은 농구공이나 배구공을, 작은 공은 소프트볼이나 경식 테니스공을 사용하면 좋다. 그다음 큰 공 위에 작은 공을 올려놓는다(작은 공의 안정성을 높이기 위해 링을 끼우면 좋다). 이 상태에서 손을 떼고 공을 아래로 떨어뜨리면 작은 공이 놀라울 정도로 높이 튀어 오른다.

큰 공과 작은 공을 따로 떨어뜨렸을 때는 원래 위치보다 높이 튀어 오르지 않기 때문에 더욱 신기하게 느껴질 것이다. 이 실험은 충돌 시 작용하는 충격량은 같지만 가속도로 환산하면 작은 공이 받는 영향이 훨씬 크다는 원리를 이용한 것으로, 운동량 보존 법칙을 직관적으로 이해하는 데 도움을 준다.

이 실험의 운동 과정을 자세히 살펴보자. 먼저 크기가 다른 2개의 공을 연결하여 떨어뜨리면 큰 공이 먼저 바닥에 부딪혀

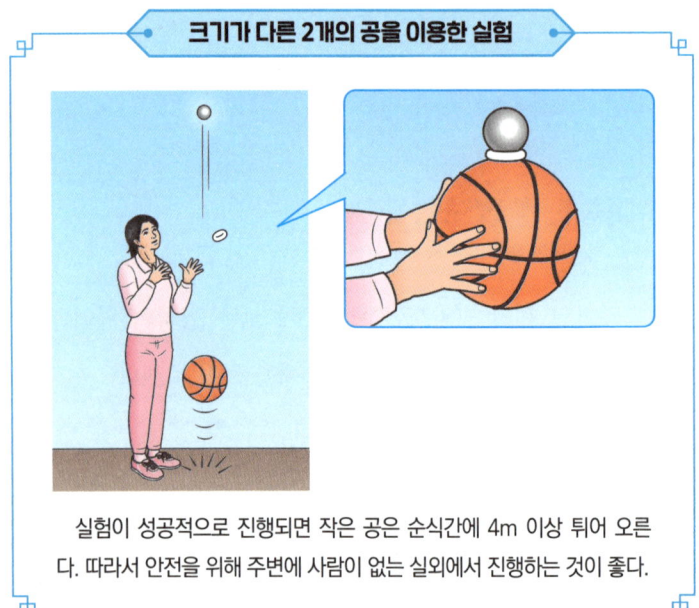

크기가 다른 2개의 공을 이용한 실험

실험이 성공적으로 진행되면 작은 공은 순식간에 4m 이상 튀어 오른다. 따라서 안전을 위해 주변에 사람이 없는 실외에서 진행하는 것이 좋다.

튕겨져 나가고 아직 낙하 중인 (아래로 향하는 속도를 가진) 작은 공과 정면충돌한다. 그러면 작은 공이 매우 큰 가속도를 얻어 원래 떨어뜨린 위치보다 훨씬 위로 튀어 오른다.

빛의 힘으로 우주선을 움직인다?

의외로 들릴 수 있지만 질량이 없어도 운동량은 존재할 수 있다.

운동량 = 질량 × 속도

위 공식을 보면 질량이 없으면 운동량도 0이 될 것 같지만 실제로는 그렇지 않다. 예를 들어 빛은 질량이 없음에도 운동량을 지니고 있다.

이러한 빛의 특성을 이용해 우주선을 움직인다는 '솔라 세일(Solar Sail)' 기술이 현재 연구되고 있다. 솔라 세일은 흔히 '우주 요트'라고 불리는데, 요트가 돛을 펼쳐 바람을 받아 나아가듯이 솔라 세일은 태양광을 받아 추진력을 얻는다. 기존 우주 탐사선과 달리 엔진이나 연료가 필요 없는 꿈의 우주선이다.

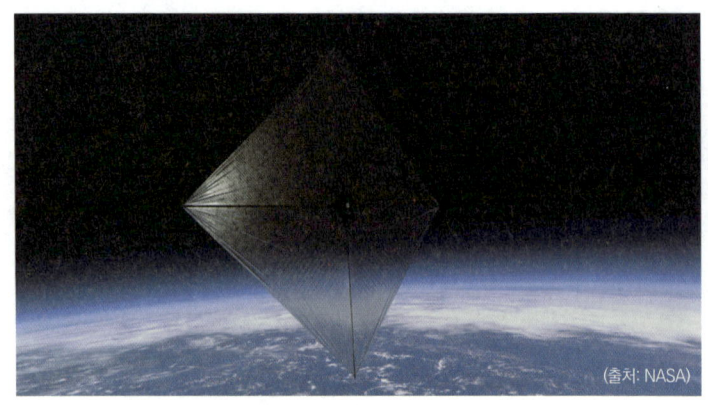

NASA의 차세대 솔라 세일 시스템인 ACS3

질량이 없는 빛이 우주 탐사선을 움직일 만큼의 운동량을 가진다는 사실이 이상하게 느껴질 수도 있다. 그러나 양자역학을 배우면 속도는 실재하지 않고, 운동량과 질량만 실재한다는 것을 알게 된다.

이런 관점에서 보면 '운동량이 0이고 질량이 유한'하거나 '운동량이 유한하고 질량이 0'인 상태는 전혀 이상하지 않다. 속도가 존재하지 않는다는 것을 이해하기 어렵겠지만 우리가 일상적으로 느끼는 속도는 우리 인식의 착각일 수 있다.

예를 들어 우리 뇌는 초당 30장의 정지 화면이 연속으로 바뀌는 것을 움직임으로 해석한다. 하지만 실제로 각 화면 사이에는 진정한 의미의 움직임이 존재하지 않는다. 단지 우리 뇌가 연속된 정지 이미지를 움직임으로 해석하는 것일 뿐이다. 애초에 인간은 움직임을 직접 볼 수 없다.

정지 이미지를 기억하는 데는 유한한 시간이 걸리며, 이는 인간의 눈이나 뇌도 마찬가지다. 원래 인간의 눈과 뇌는 연속된 정지 화면밖에 볼 수 없는데, 이를 뇌 내부의 보완 과정을 통해 움직이고 있다고 느끼고 있을 뿐이다. 이런 의미에서도 '속도가 실재한다'는 개념은 재고될 필요가 있다.

앞서 실재하는 것은 속도가 아니라 운동량이라고 했는데, 상대성 이론 관점에서도 질량이 0일 때 운동량이 0이 아닐 수 있다는 것이 알려져 있다. 1장 서두에서 언급한 아인슈타인의 유명한 방정식 $E=mc^2$을 말로 표현하면 다음과 같다.

$$\text{에너지} = \text{질량} \times \text{광속}^2$$

이 식을 '질량 에너지 등가 원리'라고 부른다. 또한 물체가 움직이고 있을 때(속도가 0이 아니라서 운동량도 0이 아닐 때)는 다음과 같은 식으로 표현할 수 있다.

$$\text{에너지}^2 = (\text{질량} \times \text{광속}^2)^2 + (\text{운동량} \times \text{광속})^2$$

이 식이 유도되는 과정을 이 책에서 자세히 설명하기는 어렵기 때문에 생략하겠다. 다만 이 식에서 질량이 0인 경우에는 훨씬 간단한 형태로 나타낼 수 있다.

에너지 = 운동량 × 광속

이처럼 질량이 0이라는 사실과 운동량이 0이라는 것은 직접적인 관계가 없다. 다시 말해 질량이 0인 물체라도 운동량을 가질 수 있다.

운석은 왜 폭발할까?

· 에너지 보존 법칙 ·

고등학교 물리를 전혀 이해하지 못한 사람이라도 에너지 보존 법칙에 대해 들어 본 적이 있을 것이다. 교과서에 나오는 식으로 설명하자면 외부와 상호작용이 없는 계에서는 에너지의 총량이 변하지 않고 항상 일정하게 유지된다는 법칙이다. 에너지 보존 법칙은 고등학교 물리에서 배우는 가장 중요한 법칙 중 하나라고 할 수 있다(참고로 이 법칙은 앞서 설명한 운동량 보존 법칙과는 별개의 개념이니 혼동하지 말자).

고등학교 물리의 역학 분야에 등장하는 대다수 법칙은 전자기학이나 열역학 등 다른 분야와 직접적으로 연관이 없다. 에너지 보존 법칙은 예외적으로 모든 물리학 분야에서 핵심적인 역할을 하는데, 다만 이해하기가 쉽지 않다.

우선 에너지란 무엇일까? 사전에는 '물체 또는 물체계가 가지고 있는 일을 할 수 있는 능력의 총칭'이라고 나와 있다. 또한 '역학적 일을 기준으로 하며, 이와 동등하거나 환산할 수 있는 것으로 역학적 에너지(운동 에너지·위치 에너지), 열에너지, 전자기 에너지, 질량 에너지가 대표적이다'라고 설명한다. 뭔가 알 것 같으면서도 알쏭달쏭한 설명이다.

에너지는 사용하면 사라지는 것처럼 보일 때가 있다. 바닥에서 볼링공을 굴리는 경우를 생각해 보자. 처음에는 공이 기세 좋게 굴러가 에너지가 보존되는 것처럼 보인다. 하지만 시간이 지나면서 공은 점점 느려지다가 마침내 멈춘다. 이를 보고 '에너지가 전혀 보존되지 않네?'라고 생각할 수 있다.

하지만 에너지 보존 법칙은 여전히 유효하다. 볼링공의 운동 에너지는 바닥과 공 사이의 마찰로 인해 열이라는 형태의 에너지로 변환되었을 뿐이다. 에너지가 사라진 것처럼 보이는 이유는 한번 열로 변한 에너지를 다시 꺼내어 재사용하기 어렵기 때문이다.

공룡은 왜 멸종했을까?

'물리 법칙의 왕'이라고도 불리는 에너지 보존 법칙을 이해하면 세상을 새로운 시각으로 볼 수 있다. 공룡의 멸종을 초래했다고 여겨지는 거대 운석 충돌설을 예로 생각해 보자.

공룡은 약 2억 3,000만 년 전부터 약 1억 6,400만 년 동안 번성했지만 약 6,600만 년 전에 갑작스럽게 멸종했다. 그 이유에 대해 다양한 가설이 제기되었으나 현재 가장 유력한 설명은 '거대 운석 충돌설'이다.

이 가설에 따르면 약 6,600만 년 전 현재의 멕시코 유카탄반도에 거대 운석이 떨어졌다. 이 충돌로 인해 발생한 엄청난 양의 먼지로 태양 광선이 차단되어 지구의 기온이 급격히 낮아졌다. 이러한 급격한 생태계 변화로 초식 공룡은 먹이가 되는 식물들이 사라지면서 멸종 위기에 처했고, 이들을 주식으로 삼던 육식 공룡도 연쇄적으로 멸종했다. 매우 짧은 기간에 일어난 환경 변화였기에 생물들이 진화를 통해 대응할 수 없었고, 결국 이 시기에 수많은 생물종이 지구상에서 사라졌다.

단순히 거대한 운석 하나가 지구에 떨어졌을 뿐인데, 1억 6,400만 년 동안 번성했던 공룡이 멸종했다는 사실은 처음 들으면 이해하기 어려울 것이다. 당시 지구에 떨어진 운석은 지름 10km에서 15km 정도였다. 분명 거대한 크기지만 지구가 갈라진 것도 아니고 큰 구멍이 생겼을 뿐이다. 뒷산에서 커다란 바위가 정원에 떨어져도 직접 맞지 않으면 아무도 다치지 않는다. 그렇다면 왜 이 거대 운석은 전 세계적인 대재앙을 일으켰을까? 마당에 떨어진 바위와 지구에 충돌한 거대 운석 사이에는 어떤 차이가 있을까?

그것은 바로 속도다. 공기 저항을 고려하지 않을 경우, 운석이 지표에 떨어지려면 초속 11.2km 이상의 속도를 가져야 한다. 이 속도는 놀랍게도 마하 33에 해당하며, 로켓이 지구를 완전히 벗어나는 데 필요한 속도인 '제2 우주 속도'와 같다.

또한 운석이 지구와 충돌할 때는 엄청난 위치 에너지가 방출된다. 수력 발전을 떠올려 보자. 수력 발전소에서는 물이 높은

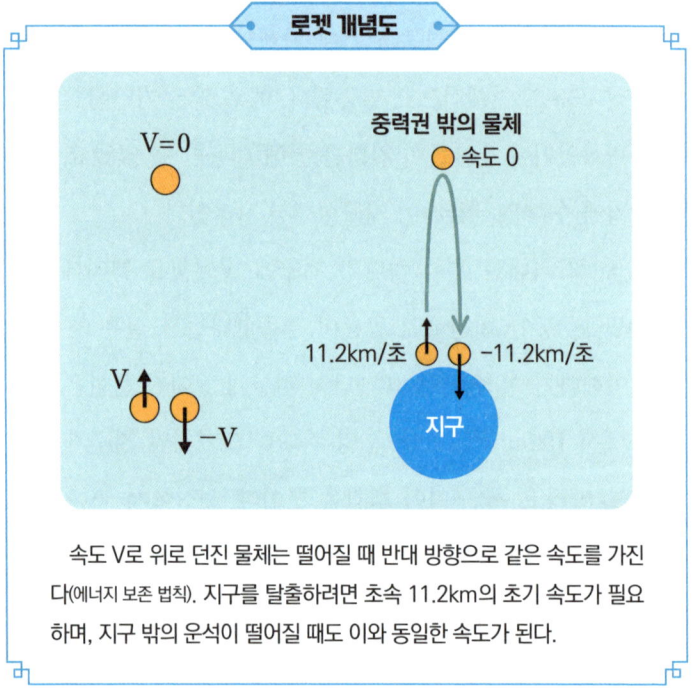

로켓 개념도

속도 V로 위로 던진 물체는 떨어질 때 반대 방향으로 같은 속도를 가진다(에너지 보존 법칙). 지구를 탈출하려면 초속 11.2km의 초기 속도가 필요하며, 지구 밖의 운석이 떨어질 때도 이와 동일한 속도가 된다.

곳에서 떨어지는 힘(위치 에너지)을 이용하여 수차를 회전시키고, 그 회전(운동 에너지)을 발전기에 전달하여 전기 에너지를 만들어 낸다.

그렇다면 초속 11.2km(마하 33)라는 속도는 운석에 얼마나 큰 에너지를 부여할까? 운동 에너지는 다음과 같은 식으로 구할 수 있다.

$$K = \frac{1}{2}mv^2$$

(K는 운동 에너지, m은 질량, v는 속도)

간단히 계산하기 위해 운석을 1kg이라고 가정해 보자. 위의 공식을 사용하면 '운동 에너지(J) = $\frac{1}{2}$ × 1kg × (11.2 × 1,000m/초)^2'이 되므로 운석이 가진 에너지는 6,272만 줄에 달한다.

줄(J)은 직관적으로 이해하기 어려운 단위다. 파괴력의 경우 TNT라는 고성능 폭약의 질량으로 환산하는 경우가 많다. TNT 1kg은 약 418만 줄의 에너지를 방출한다. 놀랍게도 1kg의 운석이 같은 질량의 TNT보다 10배 이상의 강력한 파괴력을 가지는 것이다!

히로시마 원자폭탄의 에너지를 TNT로 환산하면 약 16킬로톤으로 알려져 있다. 운석이 같은 질량의 TNT보다 10배 넘는 파괴력을 가진다면, 대략 1.6킬로톤의 운석만으로도 히로시마 원자폭탄 1개와 맞먹는 위력을 갖게 된다. 그렇다면 1.6킬로톤의 암석은 얼마나 클까? 암석의 밀도는 대략 1cm³당 1g이다(엄밀히 말하면 암석의 종류에 따라 밀도에 차이가 있으며 소수점 이하에 불과할 수도 있다). 따라서 1.6킬로톤은 약 1,600톤(160만 kg, 16억 g)에 해당하며, 이를 부피로 환산하면 약 16억 cm³, 즉 1,600m³이 된다. 이 부피를 정육면체 형태로 계산하면 한 변이 12m 정도에 불과하다(정육면체의 부피는 한 변의 세제곱으로 $12 \times 12 \times 12 = 1,728m^3$이다). 이렇게 작은 크기의 운석이 원자폭탄 1개와 맞먹는 에너지를 가지고 있다는 사실은 매우 놀랍다.

거대 운석이 지면에 충돌하면

거대 운석이 지면에 충돌하는 순간 발생하는 막대한 에너지는 어떻게 될까? 에너지 보존 법칙에 따라 사라지지 않고 대부분 열로 전환된다. 앞서 설명했듯이 한 변이 12m인 운석이 떨어지면 원자폭탄 1개에 해당하는 열이 발생한다. 유카탄반도에 떨어진 거대 운석의 지름이 10~15km였으니 대폭발을 일으킬 수밖에 없었다.

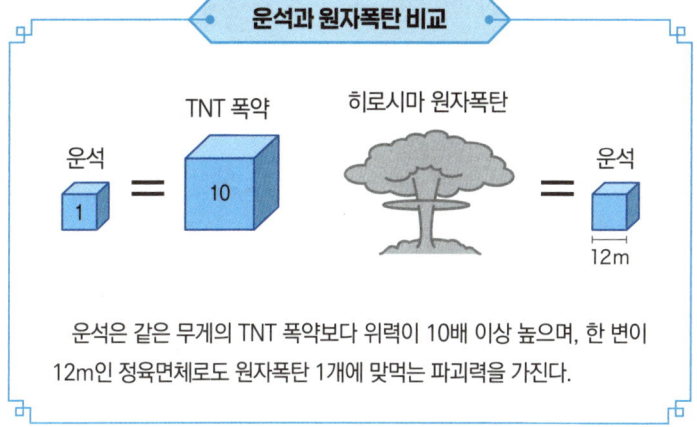

운석은 같은 무게의 TNT 폭약보다 위력이 10배 이상 높으며, 한 변이 12m인 정육면체로도 원자폭탄 1개에 맞먹는 파괴력을 가진다.

먼저 한 변이 1km인 운석은 히로시마 원자폭탄 약 58만 개에 해당하는 에너지를 방출한다(1km는 1,000m이므로 $(\frac{1000}{12})^3$으로 계산했으며 암석의 밀도가 수 g/cm³이면 조금 더 작은 값이 나온다). 따라서 원자폭탄 하나당 에너지가 16킬로톤이므로 약 9,300메가톤의 위력을 가진다. 지구상 모든 핵무기의 총 위력인 7,000메가톤을 훨씬 뛰어넘는 수준이다.

더욱 놀라운 점은 공룡을 멸종시켰다고 알려진, 지름이 이보다 10배였던 운석은 무게로 따지면 10^3, 즉 1,000배의 위력을 갖는다. 약 930만 메가톤이라는 상상을 초월하는 파괴력이다. 따라서 운석 충돌로 인한 충격과 기후 변화로 공룡은 멸종할 수밖에 없었을 것이다.

이 운석 폭탄의 위력은 제2 우주 속도에 의해 결정되므로 당연히 행성마다 다르다. 예를 들어 화성의 제2 우주 속도는 약 5km/초로 지구의 절반 수준이어서 충돌 에너지는 지구의 4분의 1이 된다. 즉 같은 무게의 운석이라도 화성에서의 파괴력은 지구의 4분의 1에 불과하다. 달의 경우는 이보다 절반 수준인 약 2.5km/초로 지구의 16분의 1의 위력을 발휘한다. 일반적으로 행성이 작고 표면 중력이 약할수록 운석 폭탄의 위력은 크게 줄어든다.

지구처럼 우연히 생명체가 탄생한 행성에 거대한 운석이 떨어져 그곳의 생명체를 완전히 멸망시킬 만한 위력을 발휘한다는 것은 매우 극적인 우연처럼 느껴진다. 어쩌면 우리가 우주에서 다른 지적 생명체를 발견하지 못하는 것은 생명체가 탄생하기에 적당한 크기의 행성들이 운석 충돌에 취약하기 때문일지도 모른다.

생각보다 난해한 마찰의 원리

• 정지 마찰력과 운동 마찰력 •

마찰력은 고등학교 물리에서 독특한 위치에 있는 개념이다. 중력이나 전기력처럼 물리 법칙에 근거한 기본적인 힘은 아니지만, 역학에서 일찍 등장해 많은 연습 문제에서 활약한다. 마찰력이 특히 까다로운 이유는 최신 물리학에서도 아직 완전히 해명되지 않았기 때문이다.

고등학교에서는 마찰력을 두 종류로 나눈다. 물체가 정지해 있을 때 작용하는 '정지 마찰력'과 물체가 움직일 때 작용하는 '운동 마찰력'이다. 예를 들어 주방의 큰 냉장고를 밀어도 움직이지 않을 때 바닥과 냉장고 사이에 작용하는 힘은 정지 마찰력이다. 반면에 컬링 경기에서 움직이는 돌과 얼음 사이에 발생하는 힘은 운동 마찰력이다. 하지만 이 두 마찰력을 진정한 의미의 '힘'이라고 보기는 어렵다.

먼저 정지 마찰력은 값조차 정해져 있지 않다. 물체에 외부로부터 힘이 가해지면 정지 마찰력은 물체가 움직이지 않도록

흙과 얼음 위에서 바위를 밀 때의 마찰력

흙과 얼음 위에서는 같은 물체라도 마찰력이 전혀 다르다. 왜 그럴까?

그 힘과 반대 방향으로 같은 크기의 힘을 작용한다. **따라서 외부에서 어떤 힘이 가해질지 모르는 상황에서는 정지 마찰력의 크기도 알 수 없다.**

이런 설명만 들으면 정지 마찰력이 특별하고 신비로운 힘처럼 느껴질 수 있다. 하지만 '외부에서 가해진 힘에 대응하여 물체가 움직이지 않도록 반대 방향으로 작용하는 같은 크기의 힘'이라는 개념은 정지 마찰력에만 국한되지 않는다.

예를 들어 벽을 힘껏 밀었다고 가정해 보자. 이 경우 벽은 꿈쩍도 하지 않는데, 이는 벽에 가하는 힘과 같은 크기의 힘을 건물이 벽에 미치고 있기 때문이다. 이런 힘에 특별한 이름을 붙이는 사람은 거의 없을 것이다. 그런데 정지 마찰력에는 특별한 이름이 부여되어 있다. 벽을 밀었을 때 벽이 움직이지 않도록 건물에서 받는 같은 크기의 역방향 힘에는 이름이 없는데 말이다.

실제로 물리학에서 정지 마찰력은 여전히 잘 해명되어 있지 않다. 특정 물질이 특정 조건에서 접촉할 때 발생하는 정지 마찰력을 실험 없이 이론적으로 추정하는 방법이 현재 존재하지 않기 때문이다. 물체 간에 작용하는 마찰력을 정확히 계산하는 방법조차 없다.

다음 그림은 마찰력이 결정되지 않는 예로, 3개의 구가 각

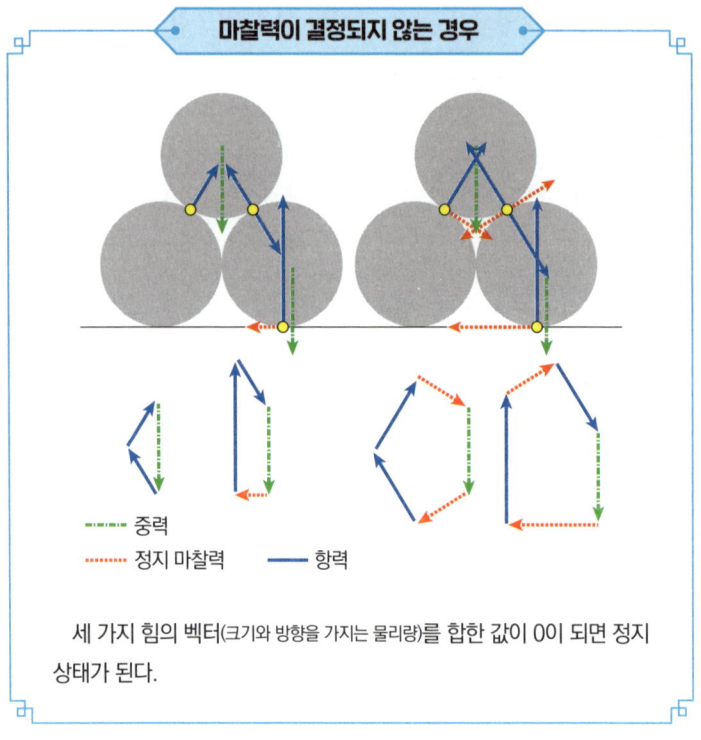

세 가지 힘의 벡터(크기와 방향을 가지는 물리량)를 합한 값이 0이 되면 정지 상태가 된다.

각 두 지점에서 접촉하며 정지한 상태다. 노란색 구로 표시된 세 지점에서 힘이 발생하며 중력은 녹색 일점쇄선으로, 정지 마찰력은 빨간 점선으로, 항력(서로 밀어내는 힘)은 파란 실선으로 표시되어 있다.

물체가 정지 상태를 유지하려면 힘의 크기와 방향을 나타낸 화살표들을 연결했을 때 한 바퀴를 돌아 원점으로 돌아와야 한다. 즉 모든 힘의 합이 0이어야 한다(참고로 3개의 구 중 왼쪽 아래의 구와 오른쪽 아래의 구는 서로 좌우대칭이므로 그림에서 생략했다).

이 조건만 충족되면 세 구가 정지 상태를 유지할 수 있지만 그럼에도 정지 마찰력은 계산할 수 없다. 조건을 만족하는 정지 마찰력이 무수히 존재하기 때문이다. 예를 들어 86쪽 그림의 아래쪽 두 그림처럼 두 가지 패턴이 가능하다. 왼쪽 그림은 구와 구 사이에 마찰력이 없고 바닥과 구 사이에만 정지 마찰력이 작용하는 경우이며, 오른쪽은 구와 구 사이에도 정지 마찰력이 작용하는 경우다. 이 두 상황에서 힘의 작용 방식은 완전히 다르지만 둘 다 힘이 균형을 이루어 정지 상태를 유지한다.

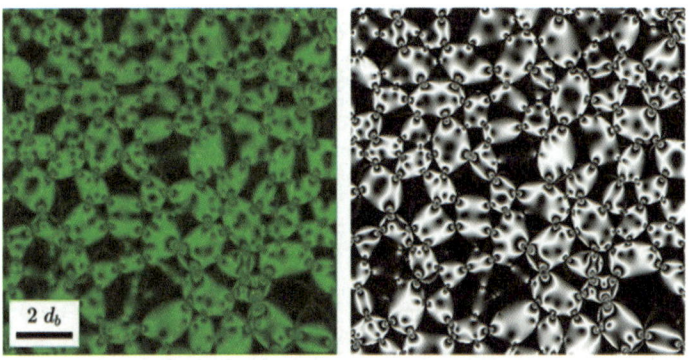

(출처: Contact force measurements and local anisotropy in ellipses and disks. Yinqiao Wang, Jin Shang, Yujie Wang, and Jie Zhang. Phys. Rev. Research 3, 043053 (2021) DOI: https://doi.org/10.1103/PhysRevResearch.3.043053)

편광 현미경으로 관찰한 정지 마찰력 및 항력 가시화 예시

정지 마찰력은 최대 정지 마찰력(정지하고 있던 물체가 움직이기 직전의 정지 마찰력)을 초과하지 않는 한 어떤 크기든 가질 수 있으며, 방향도 좌우 어느 쪽이든 가능하다. 따라서 단순히 '균형을 이루어 멈춰 있다'는 관찰만으로는 실제로 작용하는 힘을 결정할 수 없다. 이러한 이유로 현재까지 구와 구 사이에 실제로 작용하는 힘을 가시화하는 편광 현미경이 널리 활용되고 있다.

운동 마찰력은 힘이 아니다!

다음은 운동 마찰력을 살펴보자. 이것도 힘이라는 이름이 붙어 있지만 실제로는 힘이 아니다. 마찰이 있는 바닥 위에 놓인 물체를 끌어당기는 데 필요한 일은 다음과 같이 계산할 수 있다.

일 = 마찰력 × 이동 거리

그렇다면 여기서 발생한 일에 해당하는 에너지는 어디로 갈까? 이 에너지는 열에너지로 변환되어 손실된다.

고등학교 물리에서는 물체를 끌어당길 때 인력이 한 일에서 물체의 운동 에너지를 뺀 나머지를 '손실된 역학적 에너지'라고 부른다. 이 값을 이동 거리로 나누면 마찰력을 역산할 수 있다. 이를 식으로 표현하면 다음과 같다.

$$마찰력 = \frac{손실된\ 역학적\ 에너지}{이동\ 거리}$$

하지만 이는 에너지 보존 법칙을 활용한 편의적인 계산 방법이지, 마찰력을 직접 측정하는 것은 아니다. 물체를 끌어당기는 동안의 힘은 용수철저울 등으로 측정할 수 있지만 열로 손실된 역학적 에너지는 측정할 수 없다.

실제 실험에서는 어떻게 마찰력을 측정할까? 보통은 다음 그림과 같이 용수철저울을 연결하여 물체를 천천히 끌어당기면서 물체가 움직이기 직전의 힘, 즉 멈춰 있을 때 필요한 힘을 측정한다. 다만 '물체가 정지해 있으므로 반대 방향(그림에서 오른쪽

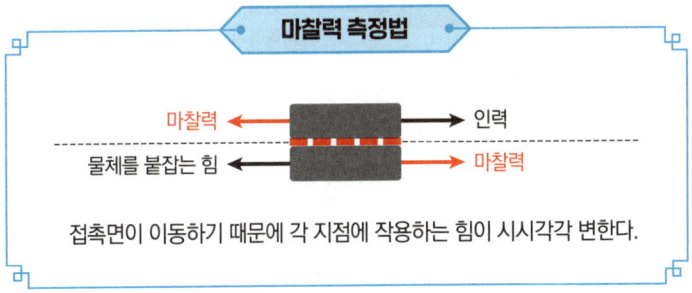

마찰력 측정법

접촉면이 이동하기 때문에 각 지점에 작용하는 힘이 시시각각 변한다.

방향)으로 마찰력이 작용할 것'이라고 추론하고 있을 뿐이지, 물체에 작용하는 마찰력을 직접 측정하는 것은 아니다.

실제로 운동 마찰이 작용하는 과정을 생각해 보면 '마찰이 힘을 가한다'는 표현이 다소 모호하게 느껴질 수 있다. 이처럼 마찰력에 대한 이해 부족은 여러 과학 분야에 악영향을 미친다. 지진 원리를 해명하는 데 어려움을 겪는 경우가 대표적이다.

판 경계 지진은 대륙판이 해양판에 끌려 들어가듯이 천천히 어긋나다가 한계에 도달하면 튀어 올라 움직이는 현상이다. 이 진동이 지진이 되어 지면으로 전달된다. 이 지진의 가장 간단한 모델은 스틱 슬립(stick-slip) 모델로, 정지 마찰력과 운동 마찰력이 작용하는 물체를 스프링으로 당기는 것과 같다.

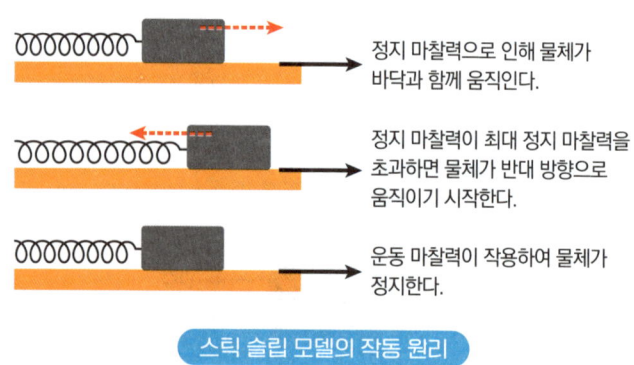

스틱 슬립 모델의 작동 원리

앞선 그림에서 바닥과 물체 사이에는 정지 마찰력과 운동 마찰력이 작용한다. 바닥이 움직이면 정지 마찰력으로 인해 물체가 바닥과 함께 움직이고, 스프링이 늘어나면서 물체에 작용하는 힘이 점차 커진다.

그러나 머지않아 정지 마찰력이 최대 정지 마찰력을 초과

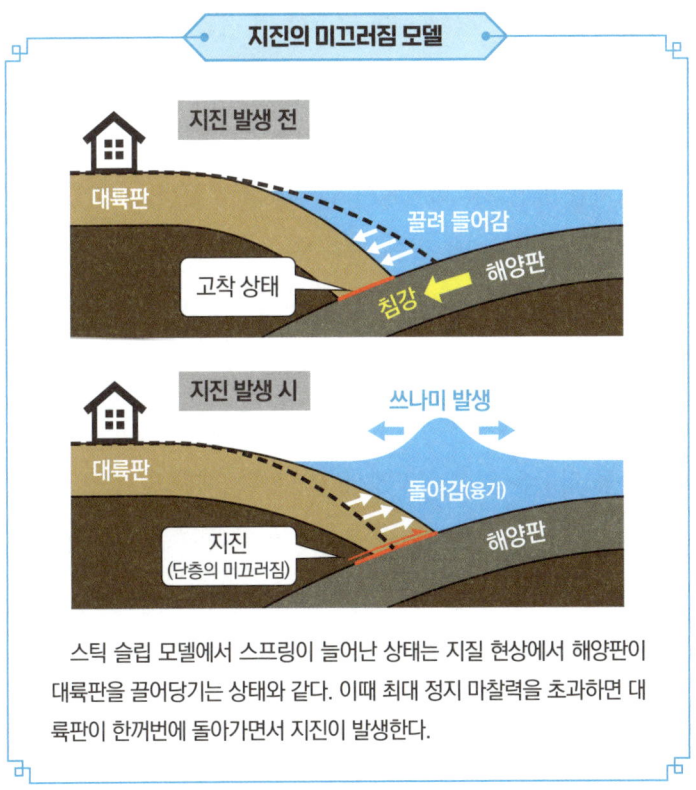

스틱 슬립 모델에서 스프링이 늘어난 상태는 지질 현상에서 해양판이 대륙판을 끌어당기는 상태와 같다. 이때 최대 정지 마찰력을 초과하면 대륙판이 한꺼번에 돌아가면서 지진이 발생한다.

하면 물체는 움직이기 시작한다. 그러면 이번에는 운동 마찰력이 작용하여 물체는 언젠가 멈추게 된다. 이후 물체가 바닥에 대해 정지하면 다시 정지 마찰력이 작용하고 스프링이 늘어나는 과정이 반복된다. 이때 물체가 움직이는 순간이 바로 지진이며, 스프링이 천천히 계속 늘어나는 상태는 해양판을 따라 대륙판이 천천히 움직이는 상태와 같다.

만약 서로 다른 물체들이 접촉할 때 작용하는 힘을 정확히 알 수 있다면 이 간단한 모델로도 지진에 대해 더 많은 것을 이해할 수 있다. 하지만 현재의 과학 기술로는 불가능하다.

이처럼 마찰력은 아직 규명되지 않은 부분이 남아 있어 많은 대학에서 거의 다루지 않는다. 그럼에도 고등학교 물리에서 마찰력이 자주 등장하는 이유는 우리의 일상이 마찰력으로 가득 차 있어서 마찰을 고려하지 않으면 주변 현상을 거의 설명할 수 없기 때문일 것이다.

운동 마찰은 일상 곳곳에서 활용된다. 예를 들어 자동차의 브레이크는 회전하는 바퀴에 물체를 눌러 회전을 멈추게 하는 장치다. 본질적인 설명으로는 '자동차의 운동 에너지를 마찰열을 통해 열에너지로 변환하는 장치'라고 할 수 있다.

요즘은 거의 사용하지 않지만 성냥도 마찰의 중요성을 잘 보여 준다. 화학 물질이 코팅된 막대 끝을 특수 처리된 표면에

문지르면 운동 마찰이 발생하고, 이때 가해진 힘이 열에너지로 전환되어 발화점에 도달한다. 그런 의미에서 운동 마찰은 역학적 에너지를 효율적으로 변환하는 과정이라고 할 수 있다.

또한 정지 마찰이 없다면 우리는 걸을 수도 없을 것이다. 발을 땅에 딛고 앞으로 나아갈 수 있는 것은 정지 마찰 덕분이다. 정지 마찰이 없었다면 발이나 지느러미를 이용해 걷는 생물의 진화는 불가능했을 것이다. 마찰은 종종 실체를 알 수 없는 방해 요소로 여겨지지만 마찰이 없는 세상에서는 적어도 우리가 알고 있는 형태의 대형 생명체는 존재할 수 없었을 것이다.

8

역학과 전자기학 사이

중력과 전기력

'1장 역학'에서는 중력이 주인공이었다면 '2장 전자기학'에서는 전기력이 주인공이 된다. 전기력의 근원은 '전하'이며, 전하는 전자기 현상을 일으키는 근원이다. 전하의 양, 즉 '전하량'은 전자기장으로부터 받는 힘의 크기와 전하가 만들어 내는 전자기장의 세기를 결정한다.

전하와 전자의 차이가 헷갈릴 수 있지만 간단히 설명하자면 다음과 같다. 전자는 음전하를 가진 입자(하전 입자)를 의미하는 반면, 전하는 전기의 양을 나타내는 더 넓은 개념이다. 전자는 음전하만 갖지만 전하에는 음전하와 양전하가 모두 존재한다.

중력과 전기력은 접점이 없어 보이지만, 점전하(공간의 한 점에 집중되어 있다고 생각되는 전하) 사이의 전기력과 질점 사이의 만유인력(중력)은 모두 역제곱 법칙을 따른다.

$$\text{힘의 크기} \propto \frac{1}{\text{거리}^2}$$

($\propto$는 비례를 의미하는 기호)

역제곱 법칙은 고등학교 물리를 배워 본 사람이라면 어렴풋이 들어 본 듯한 모호한 개념일 것이다. 간단하게 말하면 두 물체 사이에 작용하는 힘의 크기는 그들 사이 거리의 제곱에 반비례한다는 것이다. 예를 들어 두 물체 사이의 거리가 2배가 되면 힘의 강도는 4분의 1로 줄어든다. 마찬가지로 거리가 3배가 되면 힘의 강도는 원래의 9분의 1로 감소한다.

둘 다 역제곱 법칙을 따르지만 앞서 살펴본 중력과 2장에서

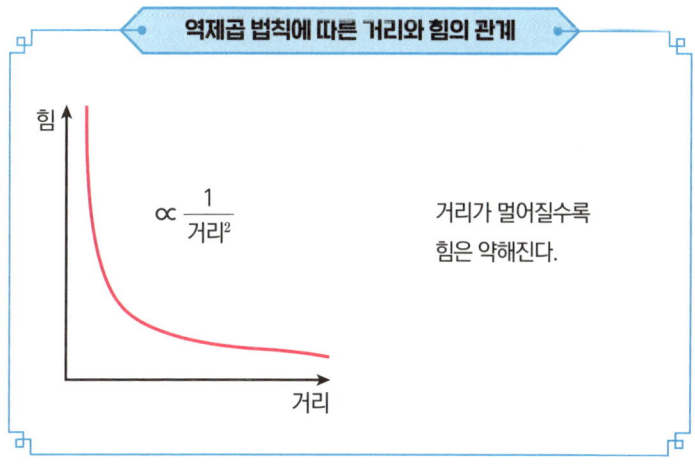

역제곱 법칙에 따른 거리와 힘의 관계

거리가 멀어질수록 힘은 약해진다.

배울 전기력은 매우 다른 모습을 보인다. 한편 전기력은 프랑스 물리학자 샤를 드 쿨롱(Charles Augustin de Coulomb)의 이름을 따서 '쿨롱력'이라고도 한다.

먼저 중력은 우리의 일상생활을 지배한다. 우리가 지면에 서 있을 수 있는 것도 중력 덕분이다. 국제우주정거장에서는 중력에서 벗어난 사람들이 발 디딜 곳 없어 둥둥 떠다닌다. 모 유명 애니메이션의 대사를 응용하자면 '발은 장식일 뿐'인 상태다.

반면에 전기력이 작용하는 모습은 거의 볼 수 없다. 실제로

전기력과 중력 비교

전기력은 중력보다 힘의 크기가 더 크지만 지구의 거대한 질량으로 인해 일상생활에서는 중력이 지배적이다. 전하는 질량과 달리 양과 음의 두 종류가 존재한다. 그러나 대규모의 양전하나 음전하가 한곳에 모이면 반대 부호의 전하를 끌어당기기 때문에 큰 힘을 발휘할 수 없다.

쿨롱은 점전하 사이에 작용하는 전기력을 정확히 측정하기 위해 많은 어려움을 겪어야 했다.

우리의 일상에서 중력이 지배적이고 전기력의 효과가 미미하게 느껴지기 때문에, 사람들은 전기력이 중력보다 약하다고 오해하기 쉽다. 그러나 실제로는 정반대다.

수소 원자를 구성하는 양성자와 전자 사이에 작용하는 전기력의 크기는 대략 1억 분의 8 뉴턴(N)이다. 매우 작다고 생각할지 모르지만 중력은 이보다 더욱 작다. 양성자와 전자 사이에 작용하는 만유인력은 전기력의 약 10^{-40}의 크기밖에 되지 않는다. 상상조차 할 수 없을 정도로 작은 크기다.

이렇게 미세한 만유인력이 우리에게 크게 느껴지는 이유는 지구의 거대한 질량 때문이다. 지구의 질량은 양성자의 약 4,000억 배의 1억 배의 1억 배의 1억 배의 1억 배나 된다. 양성자와 전자 사이의 만유인력과 전기력의 비율이 작은 것을 보충하고도 남을 만큼의 거대한 질량이다. **즉 힘의 크기만 보면 전기력이 훨씬 크지만 일상생활에서는 지구의 압도적인 질량으로 인해 중력이 지배적으로 작용한다.**

그렇다면 전기력도 질량처럼 커질 수 있지 않을까 하는 의문이 들 수 있다. 하지만 그렇지 않다. 전하에는 양과 음의 두 종류가 존재하며, 큰 양전하가 생기면 주변의 음전하를 끌어당겨 곧 전기적으로 중성 상태가 되기 때문이다. 실제로 수소를 구성하는 양성자의 양전하와 전자의 음전하의 양은 정확히 일치한다. 따라서 수소 원자를 아무리 많이 모아도 그 집합체는 외부로 전기력을 발생시키지 않는다. 이로 인해 우리는 실제로는 강력해야 할 전기력이 매우 약하게 느껴지는 모순된 경험을 하게 된다.

전기력은 강하고 중력은 약하다는 성질은 일상생활에 매우 유용하게 작용한다. 만약 중력이 전기력만큼 강했다면 인체의 질량이 가진 중력으로 인해 주변의 모든 물체가 달라붙어 곤란했을 것이다. 겨울철 옷에 정전기가 발생하여 작은 종잇조각들이 옷에 달라붙는 것처럼, 주변 물체가 몸에 달라붙어 곤란했을 수 있다. 또한 수저를 잡으면 손을 펴도 테이블 위에 내려놓기가 쉽지 않았을 것이다. 손에 달라붙은 숟가락을 테이블의 중력에 천천히 넘겨주는 식으로 하지 않으면 안 된다. 키보드도 사용할 수 없었을 것이다. 손의 중력으로 키보드가 달라붙어 잘못하면 손가락과 함께 키보드가 떠오를 수도 있다. 글자를 입력하려면 우선 책상에 키보드를 단단히 고정해야 했을 것이다.

게다가 중력은 정전기와 달리 양극과 음극이 없어 상쇄되지 않는다. 즉 범위를 아무리 넓혀도 중력은 상쇄되지 않는다. 만약 중력이 더 강한 힘이었다면 우주의 모든 물질이 한데 모여

초거대 블랙홀을 형성했을 수도 있다. 그렇게 되면 항성 주위를 도는 행성이 존재하지 않으니 생명체의 탄생 자체가 불가능했을 것이다.

반면 전기력이 중력만큼 약했다면 또 다른 문제가 발생했을 것이다. 우리 주변의 물질이 형태를 갖출 수 있는 것은 분자와 원자가 전기력으로 연결되어 있기 때문이다. 만약 전기력이 중력만큼 약했다면 이 세상에는 흩어진 원자와 분자만 있고 어떠한 형태도 존재할 수 없어 당연히 생명체가 생겨나지 못했을 것이다. 다시 말해 수많은 요소가 정교하게 맞물려서 우주가 탄생하고 우리가 존재할 수 있었다.

전자기학은 물리학 중에서도 특히 접근하기 어려운 분야로 알려져 있다. 전자기학에서 다루는 많은 현상과 개념을 우리가 직접 보거나 듣거나 느낄 수 없기 때문이다. 그래서 여기서는 비교적 친숙한 전자기 현상인 전류부터 이야기를 시작해 전하, 전기장 등 점차 직관적 이해가 어려운 개념들로 설명을 이어 간다. 또한 난해한 개념을 소개할 때마다 실제 응용 사례를 최대한 실어 놓았다. 이를 통해 일상생활의 다양한 현상을 전자기학 관점에서 해석할 수 있기를 바란다.

전기와 자기의 세계

2장

전자기학

1
전류의 방향을 헷갈렸다!

전하와 전류

레이던병과 볼타 전지의 발명

전자기학의 주인공은 단연코 다양한 전자기 현상의 근원이 되는 '전하'다. 인류가 전하의 존재를 인식하게 된 것은 '힘'이라는 현상을 통해서였다. 처음에는 정전기, 즉 물체들을 서로 문지르면 종이와 같은 가벼운 물체를 끌어당기는 무언가 물질에 생겨난다는 관찰로부터 전하의 존재를 발견했을 것이다.

전하의 존재가 명확해진 것은 1745년경 네덜란드 레이던 대학교의 물리학자 피터르 판 뮈스헨브룩(Pieter van Musschenbroek)이 발명한 축전기 '레이던병' 덕분이었다. 우연히 거의 같은 시기에 독일의 에발트 게오르크 폰 클라이스트(Ewald Georg von Kleist)도 독립적으로 유사한 축전기를 고안했다. 과학계에서는 이러한 동시 발명이 종종 일어난다.

레이던병은 유리병의 내부와 외부에 금속박을 붙이고, 내부의 금속박에 절연체 뚜껑을 통해 전극을 연결한 단순한 장치다. 하지만 정전기를 효과적으로 축적할 수 있다.

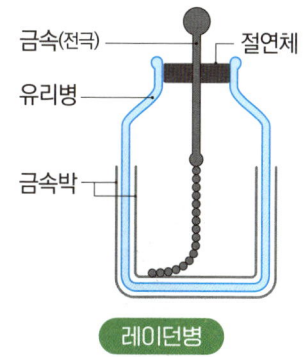
레이던병

정전기는 일단 레이던병에 저장하면 일정 기간 보관할 수 있으며, 다른 레이던병으로 옮길 수도 있었다. 뮈스헨브룩과 클라이스트 등의 과학자들은 이를 통해 전기 현상을 일으키는 전하의 존재를 명확히 입증해 냈다.

다만 초기에는 정전기가 전하를 생성하는 유일한 방법이었기 때문에 전기 연구가 더디게 진행되었다. 그러다 이탈리아의 물리학자 알레산드로 볼타(Alessandro Volta)가 전지를 발명하면서 전류 연구는 급속도로 발전했다.

볼타가 전지를 발명한 과정은 무척 흥미롭다. 1791년경 볼타가 전기를 연구하고 있을 때 유럽 과학계에서는 루이지 갈바니(Luigi Galvani)의 생물 전기 연구가 주목받고 있었다. 두 종류의 금속을 개구리 다리에 접촉시키면 근육이 경련한다는 현상이다. 개구리 근육이 전기에 반응한다는 사실은 이미 알려져 있었다. 하지만 갈바니는 전기를 흘리지 않고 개구리 다리에 갖다

볼타 전지(왼쪽)와 구조(오른쪽)

구리판
아연판
소금물을 적신 천

(출처: Wellcome Library, CC BY 4.0)

1800년경, 알레산드로 볼타가 만든 세계 최초의 1차 전지. 높은 전압을 얻기 위해 구리와 아연 원판 사이에 소금물을 적신 천을 번갈아 끼워 넣어 원통 모양으로 쌓았다.

대기만 해도 근육이 반응한다는 것을 발견하고 이는 전기가 흐르기 때문이라고 판단했다.

생명체로부터 전기가 발생하면 생명 현상에 관련되어 있다고 생각하는 것도 무리는 아니다. 그러나 볼타는 한 걸음 더 나아가 핵심이 개구리 다리가 아닌 두 종류의 금속에 있음을 깨달았다. 그는 개구리 다리 대신 단순히 소금물을 적신 천을 사용해도 전기가 발생한다는 사실을 발견했다.

즉 볼타 전지는 구리판과 아연판을 여러 층으로 쌓고 그 사이에 젖은 천을 끼워 넣어 높은 전압을 발생시키도록 고안한 장치다. 또한 전압의 단위인 볼트(V)는 볼타의 이름에서 유래했다.

실제 전자의 흐름과는 달랐던 앙페르의 정의

인류가 전기의 본질이 전자에 있는 음전하라는 사실을 발견한 것은 볼타 전지 발명 이후 약 100년이 지난 뒤였다. 그때까지 구축된 전자기학 이론은 전류의 방향이라는 단 하나의 오류를 제외하면 완벽했다.

당시 과학자들은 이동하는 것이 양전하인지 음전하인지 알 수 없었기 때문에 전류가 양극에서 음극으로 흐른다고 임의로 정의했다. 나중에 실제로 이동하는 것이 음전하, 즉 전자라는 사실이 밝혀지면서 인간이 정의한 전류의 방향과 실제 전자의 이동 방향이 정반대임이 드러났다. 하지만 이미 때는 늦었다.

참고로 전류의 방향을 처음 정한 사람은 전류의 SI(국제단위계) 단위인 암페어(A)에 이름을 남긴 앙드레 마리 앙페르(André Marie Ampère)다. 앙페르는 전자기학의 창시자 중 한 명으로 꼽히며 앙페르 법칙(전류와 자기장의 관계를 나타내는 법칙)을 발견한 위대한 과학자다.

당시 앙페르는 평행 전류와 반평행 전류에서 작용하는 힘이 크기는 같지만 방향은 반대라는 사실을 발견했다. 그때까지는 전류의 방향이 어느 쪽인지는 문제가 되지 않았지만 이제는 방향을 정할 필요가 생겼다. 당시에는 전류를 흘리면 그 옆에

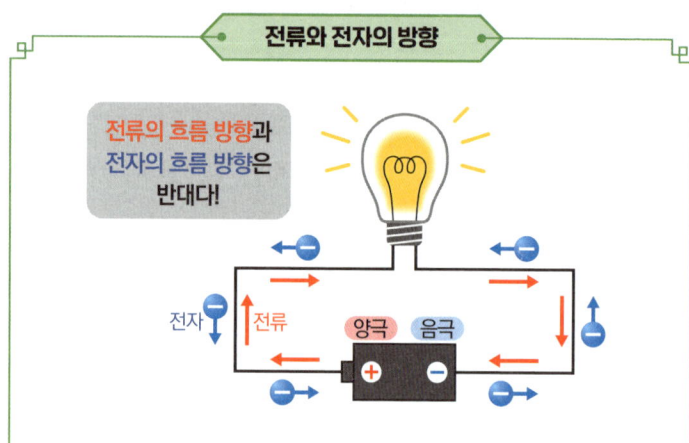

전류와 전자의 방향

전류의 흐름 방향과 전자의 흐름 방향은 반대다!

볼타 전지의 발명으로 도선에 전류가 흐른다는 사실이 밝혀졌지만 당시 과학자들은 전류를 만드는 실체를 알지 못했다. 그래서 양극에서 음극으로 전류가 흐른다고 생각했다. 이후 1897년 영국의 과학자 조지프 존 톰슨(Joseph John Thomson)이 음전하를 띤 전자를 발견하면서 전자가 음극에서 양극으로 흐르며 전류가 발생한다는 사실이 밝혀졌다. 하지만 이미 확립된 정의를 바꾸기 어려워 '전류의 흐름 방향과 전자의 흐름 방향은 반대'라는 모순된 상황이 생기게 되었다.

전류의 방향과 나침반

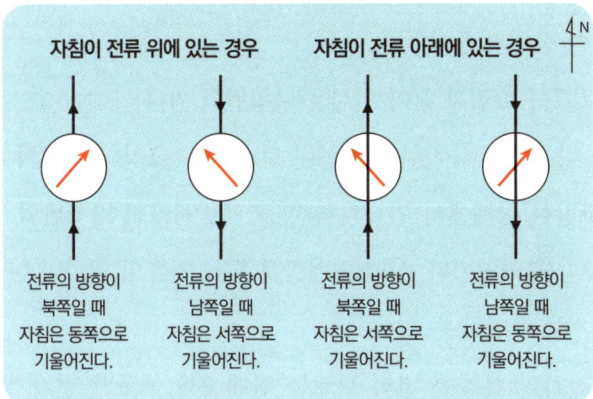

왼쪽의 2개는 전류 위에 나침반을 둔 경우고, 오른쪽의 2개는 전류 아래에 나침반을 둔 경우다. 앙페르는 나침반이 가리키는 방향이 서로 반대인 경우를 전류의 방향이 반대이기 때문이라고 추론했다. 특히 나침반을 전류 위에 놓았을 때 자침이 오른쪽으로 기울면 전류는 아래에서 위로 흐르고 있다고 생각했다.

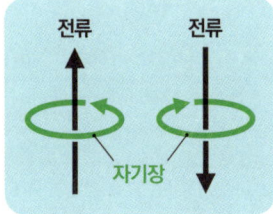

전류가 흐르면 그 주위로 자기장이 형성되며, 전류의 방향에 따라 자기장의 방향도 바뀐다. 이 현상은 나침반으로 쉽게 관찰할 수 있다. 자기장의 방향은 종종 '전류가 흐르는 방향으로 오른나사를 감을 때 나사가 회전하는 방향'으로 표현된다. 하지만 이러한 비유는 직관적으로 이해하기 어렵다.

놓인 나침반이 움직인다는 것이 알려져 있었기에 나침반이 움직이는(기울어지는) 방향으로 전류의 방향을 정했는데, 불행히도 이것이 반대 방향이었다.

107쪽 그림과 같이 전선을 나침반의 위나 아래에 놓느냐에 따라 나침반이 움직이는 방향이 달라진다. 그러나 전선의 위치를 고정한 상태에서 전류의 방향을 역전시키면 나침반의 움직임도 함께 역전된다. 이러한 현상을 통해 전류의 방향이 반전되었는지를 확인할 수 있다.

전하의 본질을 전혀 모르는 상태에서 구축된 전자기학이 완전히 정확했다는 점은 매우 흥미롭다. 양자역학과 상대성 이론이 발견되면서 뉴턴 역학은 수정이 불가피했지만 전자기학은 본질적인 변경 없이 그대로 유지되었다. 이는 전하의 실체와 무관하게 성립하는 보편적 법칙으로 확립되었기 때문일 것이다.

점전하 사이의 전기력

· 쿨롱 법칙 ·

전자기학을 논할 때 빼놓을 수 없는 것이 쿨롱 법칙이다. 대전된 물체들이 서로 가까워질 때 같은 극성의 정전기는 서로 밀어내고, 다른 극성의 정전기는 서로 끌어당기는 힘이 작용한다. 이때 발생하는 전기적인 힘을 전기력 또는 쿨롱력(단위는 뉴턴이며, 이하 전기력으로 설명)이라고 한다. 전기력은 두 입자의 전하 크기(전하량)의 곱에 비례하고, 입자 간 거리의 제곱에 반비례한다. 전하량의 단위는 쿨롬(C)으로 표시한다. 참고로 수식으로는 다음 그림과 같이 나타낼 수 있다.

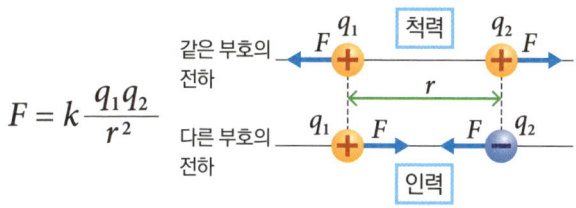

$$F = k \frac{q_1 q_2}{r^2}$$

F [N]: 전기력 k [N·m²/C²]: 쿨롱 법칙의 비례상수
q_1 q_2 [C]: 각 점전하의 전하량 r [m]: 각 점전하 간의 거리

전기력에 관한 쿨롱 법칙

수식을 보면 알 수 있듯이 쿨롱 법칙은 역제곱 법칙이다. 역제곱 법칙은 앞서 설명한 대로 두 물체 사이에 작용하는 힘의 크기가 거리의 제곱에 반비례하여 감소하는 것을 말한다. 예를 들어 거리가 2배가 되면 힘의 강도는 4분의 1이 되고, 거리가 3배가 되면 힘의 강도가 9분의 1이 되는 식이다.

쿨롱 법칙은 1785년 프랑스의 물리학자 샤를 드 쿨롱이 발견했다. 쿨롱은 자신이 고안한 '비틀림 저울'로 전하 사이에 작용하는 힘의 크기가 거리의 제곱에 반비례하여 감소한다는 사실을 실험적으로 증명했다. 이 발견은 이후 그의 이름을 딴 쿨롱 법칙으로 널리 알려졌다.

비틀림 저울이 없었다면 쿨롱은 역제곱 법칙을 증명할 수 없었을 것이라고 한다. 뒤에서 설명하겠지만 실제로 영국의 과학자 헨리 캐번디시(Henry Cavendish)가 쿨롱보다 먼저 역제곱 법칙을 발견했으나 미발표였고, 완전히 다른 방법을 사용했다.

비틀림 저울을 간단히 설명하자면 금속의 비틀림 탄성을 이용한 저울이다. 쿨롱이 실험 장치를 직접 발명했다는 사실이 이상하게 들릴 수 있지만 당시에는 흔한 일이었다. 목성의 위성을 발견한 갈릴레이도 망원경을 직접 만들었고, 피뢰침을 발견한 벤저민 프랭클린(Benjamin Franklin)도 번개 실험에 쓸 연을 직접 만들었다. 산업혁명 이전인 18세기 전반까지는 과학적 발견

비틀림 저울의 도면(위)과 원리(아래)

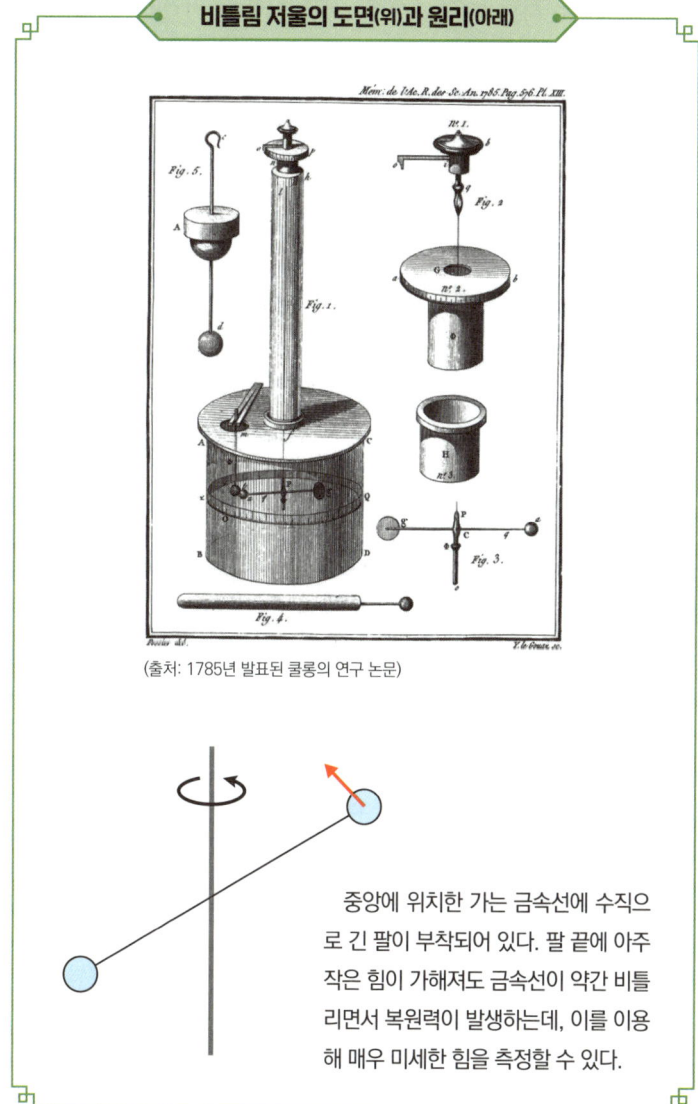

(출처: 1785년 발표된 쿨롱의 연구 논문)

중앙에 위치한 가는 금속선에 수직으로 긴 팔이 부착되어 있다. 팔 끝에 아주 작은 힘이 가해져도 금속선이 약간 비틀리면서 복원력이 발생하는데, 이를 이용해 매우 미세한 힘을 측정할 수 있다.

은 실험 기구 개발과 항상 함께였다. 비틀림 저울은 미세한 힘을 관측하는 데 최적의 장치였고, 이것이 없었다면 쿨롱은 역제곱 법칙을 정량적으로 실증할 수 없었을 것이다.

쿨롱 법칙의 진정한 발견자는 캐번디시일까?

사실 쿨롱의 역제곱 법칙은 비틀림 저울 없이도 증명할 수 있었다. 캐번디시가 쿨롱보다 앞서 완전히 다른 방법으로 증명했기 때문이다. 그런데 왜 캐번디시의 법칙이 아닌 쿨롱의 법칙이라 불리게 되었을까? 사람을 좋아하지 않던 캐번디시가 이 놀라운 역제곱 법칙의 발견을 공개하지 않아서다.

캐번디시는 부유한 귀족 집안 출신으로 명문 케임브리지대학교에서 공부했으나 학위는 취득하지 않았다. 또한 평생 독신으로 고독을 즐기며 자택에서 과학 연구에 몰두했다. 그의 뛰어난 업적은 물리학과 화학 분야를 아우르며 수소 발견, 만유인력 상수 측정, 지구 밀도 계산 등이 포함된다.

쿨롱 법칙을 캐번디시가 먼저 발견했다는 사실은 발견 후 1세기가 지나서 전자기학의 기초를 확립한 제임스 맥스웰(James Clerk Maxwell)이 발굴할 때까지 알려지지 않았다. 그때는 이미 캐번디시가 세상을 떠나고 한참이 지난 뒤였다(캐번디시와 쿨롱은 거의 같은 세대의 과학자였다). 당시에는 쿨롱 법칙이라는 이름이 널리 알려져 있어서 이름을 바꾸기 어려웠을 것이다.

캐번디시는 쿨롱과 달리 비틀림 저울 대신 더 발전된 방법으로 점전하 사이의 전기력을 직접 측정했다. 여기서 실험의 상세한 내용은 다루지 않겠지만, 그는 '점전하 사이의 전기력이 역제곱 법칙을 따른다면 균일하게 대전된 구각 내부에는 전기력이 작용하지 않는다'는 원리를 이용한 측정 방법을 고안했다.

천재 과학자 캐번디시의 원리를 다음 그림으로 살펴보자. 균일하게 대전된 구각 내부에서 점 A를 중심으로 생각해 보겠다. 먼저 구각 표면에서 잘려 나간 빨간색 원형 영역이 점 A에 미치는 전기력의 총합을 빨간색 화살표로 표시한다. 다음으로 점 A를 대칭점으로 하여 반대쪽에 투영되어 잘려 나간 파란색 원형 영역이 점 A에 미치는 전기력의 총합을 파란색 화살표로 표시한다.

파란색 화살표와 빨간색 화살표 중 무엇이 더 클까? 두 화살표가 나타내는 힘은 정확히 반대 방향이다. 대칭적인 위치의 도형

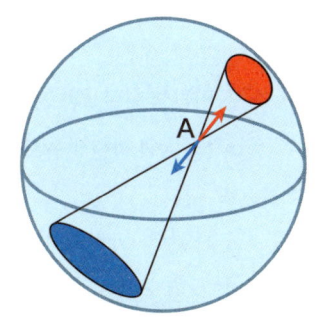

캐번디시의 실험 설명도

을 고려했으니 그렇게 되지 않으면 이상하다.

이제 빨간색 힘의 크기(화살표의 길이)를 알아보자. 점 A에 작용하는 힘의 크기는 빨간색 원형으로 잘라 낸 부분 구각의 면적(구체 표면의 전하량을 의미)에 비례한다. 마찬가지로 파란색 힘의 크기(화살표의 길이)는 파란색 원형으로 잘라 낸 부분 구각의 면적에 비례한다.

그런데 파란색 원과 빨간색 원의 면적은 점 A에서 각 색상 영역까지의 거리의 제곱에 비례하여 결정된다. 원의 면적은 반지름의 제곱에 비례하고, 점 A에서 각 색상 영역까지의 거리는 반지름에 비례하기 때문이다. 복잡해 보이지만 식으로 나타내면 간단하다.

빨간색 화살표의 힘 $\propto$ 빨간색 원으로 잘라 낸 영역의 면적
$\propto$ (점 A와 빨간색 원으로 잘라 낸 영역 사이의 거리)^2

파란색 화살표의 힘 $\propto$ 파란색 원으로 잘라 낸 영역의 면적
$\propto$ (점 A와 파란색 원으로 잘라 낸 영역 사이의 거리)^2

즉 '빨간색 화살표의 힘'과 '파란색 화살표의 힘' 모두 점 A에서 각 색상 영역까지의 거리의 제곱에 비례한다. 여기서 쿨롱 법칙에 따라 점전하 사이의 전기력이 거리의 제곱에 반비례한다는 가정을 추가하면, 기존 식은 다음과 같이 표현할 수 있다.

빨간색 화살표의 힘 $\propto$

(점 A와 빨간색 원으로 잘라 낸 영역 사이의 거리)^2 ×

$$\frac{1}{(\text{점 A와 빨간색 원으로 잘라 낸 영역 사이의 거리})^2} = 1$$

파란색 화살표의 힘 $\propto$

(점 A와 파란색 원으로 잘라 낸 영역 사이의 거리)^2 ×

$$\frac{1}{(\text{점 A와 파란색 원으로 잘라 낸 영역 사이의 거리})^2} = 1$$

따라서 점 A가 균일하게 대전된 구각 내부에 있는 한, 그 점에 작용하는 전기력은 부분 구각으로부터의 거리에 상관없이 일정하다. 다시 말해 파란색과 빨간색 화살표로 표현된 힘들은 완벽하게 상쇄되어 0이 된다.

반대의 경우도 마찬가지다. 구각 내부의 전기력이 0이라면 점전하 사이의 전기력은 역제곱 법칙을 따르게 된다. 다소 복잡한 개념이지만 기본 원리는 이해할 수 있을 것이다.

쿨롱 법칙은 만유인력 법칙의 표절일까?

$$F = k\frac{q_1 q_2}{r^2}$$

F[N]: 전기력
k[N·m²/C²]: 쿨롱 법칙의 비례상수
$q_1\ q_2$[C]: 각 점전하의 전하량
r[m]: 각 점전하 간의 거리

쿨롱 법칙의 공식을 다시 한번 살펴보자. 위 식을 보고 떠오르는 물리 법칙이 있는가? 힌트는 역제곱 법칙이다. 역제곱 법칙이 등장하는 물리 공식이라면 바로 만유인력 법칙이다. 물리에 약한 사람이라도 이름 정도는 알고 있을 것이다.

만유인력 법칙은 영국의 물리학자 아이작 뉴턴이 1665년에 발표했다. 만유인력이란 모든 물체 사이에 작용하는 인력을 말하며, 두 물체의 질량의 곱에 비례하고 두 물체 간 거리의 제곱에 반비례하는 힘이 작용한다고 한다. 만유인력 법칙은 다음과 같이 나타낼 수 있다.

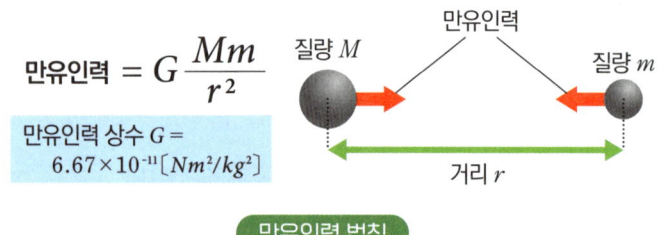

만유인력 법칙

이처럼 만유인력 법칙은 서로의 질량의 곱(Mm)에 비례하고, 거리의 제곱(r^2)에 반비례하는 크기를 가진다. 만유인력 법칙과 쿨롱 법칙은 비례상수와 작용하는 대상(질량과 전하)이 다르지만 역제곱 법칙을 따른다는 점에서 매우 유사하다.

앞서 말했듯이 1665년에 뉴턴이 만유인력 법칙을 발견했고, 쿨롱과 캐번디시는 그로부터 100년 이상이 지난 후에 쿨롱 법칙을 발견했다. 쿨롱이나 캐번디시가 뉴턴의 아이디어를 베낀 것처럼 보일 수 있으나 사실 역제곱 법칙은 뉴턴의 독창적인 발견이 아니다. 뉴턴이 연구하던 시대에는 이미 많은 사람이 만유인력이 역제곱 법칙을 따를 것이라고 예상하고 있었기 때문이다. 다만 뉴턴은 이 아이디어를 수학적으로 체계화된 이론으로 발전시켰다. '발전시켰다'라고 표현하니 단순해 보이지만 실제로는 가장 어려운 작업이었다.

역제곱 법칙은 전하로부터 멀어질수록 힘이 약해지는 특성을 나타내며, 정확히 제곱 분의 1이라는 점에서 유용하다. 예를 들어 전하가 한 면에 퍼져 있을 때 작용하는 전기력은 평면으로부터의 거리와 상관없이 일정하다(다음 그림 참고). 그래서 평행판 축전기 사이의 전기장 값이 일정한 것이다. 뒤에서 다룰 '축전기'는 역제곱 법칙을 응용한 전자 부품으로, 전하를 저장하는 이 장치 없이는 전자 회로나 반도체를 만들 수 없다.

다음 그림은 한 가지 예에 불과하지만, 역제곱 법칙은 단순한 수학적 법칙이 아닌 특별한 역N제곱 법칙이라고 할 수 있다. 만약 역일차(역일제곱) 법칙이나 역세제곱 법칙이었다면 우리가 알고 있는 현상들이 일어나지 않았을 것이다.

역제곱 법칙 설명도

- 평면까지의 거리 = 원뿔의 높이
- 평면상 같은 면적 내 전하로부터의 전기력의 크기 $\propto \dfrac{1}{원뿔의\ 높이^2}$
- 밑면적 $\propto$ 높이^2
- 원뿔의 전체 밑면적에서 나오는 전기력
 = 같은 면적 내 전하로부터의 전기력의 크기 × 밑면적
 $\propto \dfrac{1}{원뿔의\ 높이^2} \times 높이^2$
 = 상수

먼저 평면상에 전하가 균일하게 분포되어 있다고 가정하자. 평면에서 서로 다른 거리에 두 점이 있고, 각 점에서 평면을 향해 (크기가 다르고 모양

은 같은) 원뿔 모양의 선을 그어 보자. 그리고 원뿔의 밑면에 있는 전하가 미치는 전기력을 생각해 보자. 이때 원뿔이 상쇄한다고 가정하면 원뿔의 밑면적, 즉 그 안에 있는 전하의 양은 거리의 제곱에 비례해 늘어난다. 반면에 전기력은 역제곱 법칙에 따라 줄어든다. 결과적으로 원뿔 밑면의 전하가 꼭짓점에 미치는 전기력은 거리와 상관없이 일정해진다.

실제로는 밑면뿐 아니라 전체 평면의 영향을 고려해야 한다. 하지만 서로 닮은 형태로 원뿔의 밑면을 넓혀 가도, 힘의 크기는 증가하지만 서로 다른 거리에 있는 두 점이 받는 힘의 상대적 크기는 여전히 같다.

또한 원뿔의 밑면 크기를 무한대로 확장하면 무한히 넓은 평면에 전하가 분포하는 형태의 전기력이 된다. 이때 무한히 넓은 평면으로부터의 전기력이 무한대가 될 것 같지만, 두 점에 작용하는 전기력의 크기가 같다는 조건은 여전히 유지된다. 이는 전기력이 역제곱 법칙을 따르기 때문이다. 만약 그렇지 않다면 밑면적이 늘어나는 비율과 거리에 따른 전기력 감소 비율이 상쇄되지 않을 것이다. 결국 거리와 무관하게 같은 힘이 작용하는 현상은 역제곱 법칙을 따를 때만 나타난다.

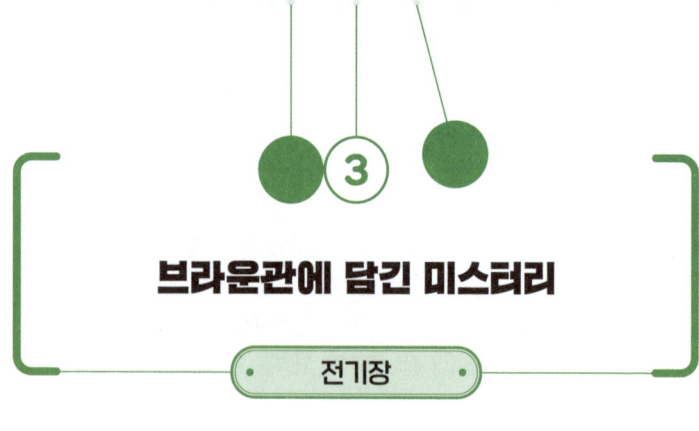

브라운관에 담긴 미스터리

전기장

브라운관은 과거 세대에게는 매우 익숙한 기술이었지만 요즘 젊은 세대 중에는 이를 본 적도, 들어 본 적도 없는 사람들이 있을 정도로 시대가 변했다. 브라운관의 '브라운'은 19세기 후반의 독일 물리학자인 카를 페르디난트 브라운(Karl Ferdinand Braun)의 이름에서 유래했다.

사실 브라운 박사는 처음부터 텔레비전 화면을 만들기 위

브라운관

유리판 유리관 전자총

왼쪽의 평평한 부분에 화면이 투사되며 오른쪽의 깔때기 모양 구조는 전자총과 가속 장치 부분이다. 이 때문에 브라운관을 얇게 만드는 데는 한계가 있었다.

오실로스코프

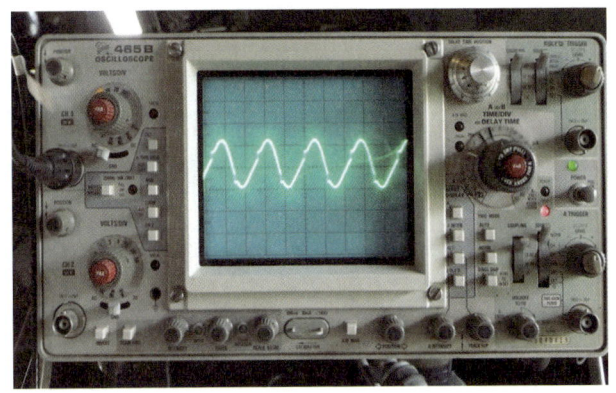

가로축은 시간을, 세로축은 전류나 전압을 나타낸다. 이를 통해 간단하게 파형을 시각화할 수 있다.

해 브라운관을 발명한 것이 아니었다. 그는 원래 전류 회로의 파형을 시각적으로 보여 주는 '오실로스코프'라는 장치를 개발하려 했고, 브라운관은 이 과정에서 탄생한 기초 기술이었다.

오실로스코프라는 장치는 여전히 존재하지만 디스플레이는 대부분 LCD로 대체되었다. 그래서 오실로스코프를 발명하기 위해 브라운관이 개발되었다는 사실이 요즘 사람들에게는 낯설 수 있다.

전하를 조작하여 영상을 만들어 내다

브라운관은 20세기의 대표적인 디스플레이 기술이다. 오늘날 스마트폰에 사용되는 평면 LCD와 달리 브라운관은 '깊이'가 필요했다. 전자총을 이용해 화면의 특정 부분을 발광시키는 방식으로 작동했기 때문이다.

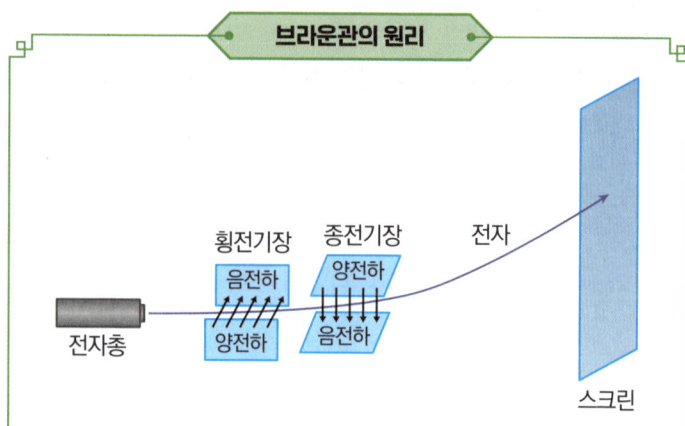

브라운관의 원리

전자총에서 발사된 전자는 횡전기장(전자의 궤도를 좌우로 굽힘)과 종전기장(전자의 궤도를 상하로 굽힘)의 영향을 받아 스크린의 임의의 위치로 유도된다. 이러한 전기장은 평행한 극판에 반대 부호의 전하를 대전시켜 생성된다(자세한 내용은 뒤에서 다루겠다). 스크린 위에서 전자 하나가 빛나게 하는 영역은 단 1점에 불과하지만 다수의 전자를 짧은 시간 동안 연속적으로 스크린의 여러 위치에 충돌시키면 많은 영역이 동시에 빛나는 것처럼 보인다. 이를 통해 문자나 이미지를 표시할 수 있었다.

즉 브라운관은 전자총에서 방출된 음전하를 띤 전자의 궤도를 편향 코일로 조절해 스크린의 형광면에 조사하고, 이를 발광시켜 영상을 표시한다. 브라운관의 핵심은 전자총에서 방출된 전자를 스크린의 올바른 위치에 붙이는 제어 기술이다.

이 과정에서 '전기장'이 등장한다. 전기장은 전하가 전기적인 힘을 받는 공간을 의미한다. 브라운관에서 음전하를 띤 전자가 전기장의 영향으로 전기력을 받아 가속도를 발생시키고, 그 결과로 궤도가 굽어지면서 스크린의 특정 위치에서 발광하게 된다. 하지만 전자총과 전기장 사이의 거리를 충분히 줄일 수 없어서 아무리 노력해도 '얇은 브라운관'을 만들 수 없었다. 결국 LCD 등의 얇은 디스플레이 기술이 등장하자 브라운관은 순식간에 도태되었다.

전기장이란 무엇인가?

전자기 현상을 일으키는 근원이라고 할 수 있는 '전하'에 작용하는 힘은 다음과 같이 정의한다.

$$\text{힘} = \text{전하의 크기} \times \text{전기장의 크기}$$

전기장은 매우 이해하기 어려운 개념이다. 일단 전기장은 눈에 보이지 않는다. 인간은 정전기장(시간에 따라 변하지 않는 전기장)을 감지하는 기관이 없어서 전기장이 있어도 직접 느낄 수 없다. 전하를 놓고 그에 작용하는 힘의 크기를 관찰해야만 감지할 수 있다.

또한 전하에는 양전하와 음전하가 있는데, 이들은 서로 끌어당겨 가까이 모이려는 성질이 있어서 한쪽 전하만 모으기가 어렵다. 그래서 인간이 느낄 만한 큰 힘을 발생시키는 양전하나 음전하의 덩어리를 보기 힘들기 때문에, 전기장을 전하에 작용하는 힘으로 느낄 기회도 거의 없다. 이러한 이유로 전기장은 인간에게 매우 이해하기 어려운 개념이 되었다.

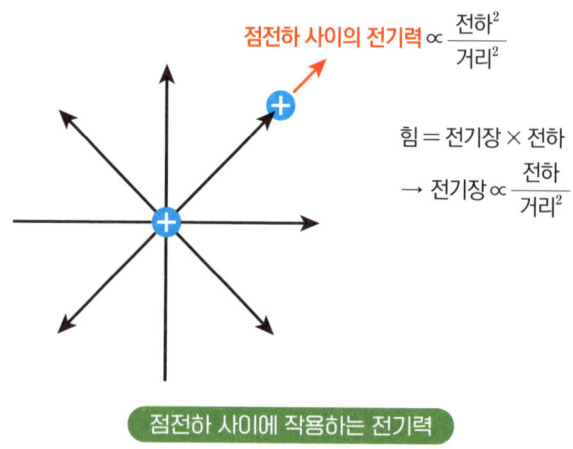

점전하 사이에 작용하는 전기력

전기장은 물의 흐름에 비유하면 조금 이해하기 쉽다. 다만 강물처럼 시시각각 변하는 것이 아니라 용수로처럼 물줄기가 일정한 방향과 속도로 흐르고 있는 상태를 떠올려야 한다.

강물이 흐를 때 강은 물로 가득 차 있다. 이 흐름을 만드는 것은 '물'이라는 실체가 있는 물질이다. 하지만 전기장에는 실체가 있는 무언가가 흐르는 것이 아니라, '전기장'이라는 흐름 자체만 존재한다. 그래서 전기장의 흐름이 멈추면 전기장도 사라진다.

이처럼 실체 없이 흐름만 존재한다는 개념은 직관적으로 이해하기 어렵다. 과거의 물리학자들도 눈에 보이지 않는 무언가가 흘러서 전기장이 발생한다고 오랫동안 생각해 왔다. 전기장이 아무것도 없는 진공 속을 '흐를 수 있다'는 사실을 깨닫는 데 전기장이 발견된 후에도 상당한 시간이 걸렸다.

그러니 전기장이 실체 없이 흐름만 존재한다는 점이 잘 이해되지 않아도 걱정할 필요는 없다. 물리학자조차도 다른 모든 가능성을 철저히 배제한 후에야 전기장이 아무것도 없는 공간을 흐르고 있다는 사실을 받아들였으니 말이다.

강물에 어떤 물체를 띄우면 그 흐름을 따라 이동할 것이다. 여기서 만약 그 물체를 흐름에 거슬러 한자리에 머물게 하려면 힘을 가해야 한다. 이때 가해야 하는 힘의 크기가 전기력이며,

강물의 흐름 속도가 전기장의 크기에, 강물의 흐름 방향은 전기장에 해당한다. 실제로는 전기장을 따라 무언가 흐르고 있지는 않지만 이렇게 생각하면 머릿속에 그려 보기 쉬울 것이다.

이러한 비유적인 설명이 불편한 사람을 위해 이제 교과서에 나오는 대로 설명해 보겠다. 다시 한번 쿨롱 법칙의 공식을 살펴보자.

$$F = k\frac{q_1 q_2}{r^2}$$

F[N]: 전기력
k[N·m²/C²]: 쿨롱 법칙의 비례상수
$q_1\, q_2$[C]: 각 점전하의 전하량
r[m]: 각 점전하 간의 거리

2개의 양전하가 있을 때, 쿨롱 법칙에 따르면 바깥쪽 전하에 작용하는 전기력은 두 양전하의 곱을 거리의 제곱으로 나눈 값에 비례한다.

이 전기력으로 전기장을 정의해 보자. 전하들 사이에 직접 힘이 작용하는 것이 아니라, 한 전하가 전기장을 생성하고 그 전기장이 다른 전하에 작용하여 힘을 발생시킨다고 해 보자. 그러면 다른 전하에 작용하는 전기력은 '전하 × 전기장'으로 표현할 수 있으며, 이를 통해 전기장은 '전기력 ÷ 전하'로 정의할 수 있다.

중심에 양전하가 있는 경우, 전기장의 방향은 외부 전하에 작용하는 전기력과 동일하게 바깥쪽을 향한다. 전기력의 크기는 거리에만 의존하므로, 전기장은 양전하 주위에 방사상으로 형성된다. 그러나 이 전기장은 눈에 보이지 않는다.

반면 중심에 음전하가 있는 경우, 외부 전하에 작용하는 전기력의 방향이 반대가 되므로 전기장의 방향도 반대가 된다. 이에 따라 음전하 주위의 전기장도 방사상이지만 중심을 향해 안쪽으로 형성된다.

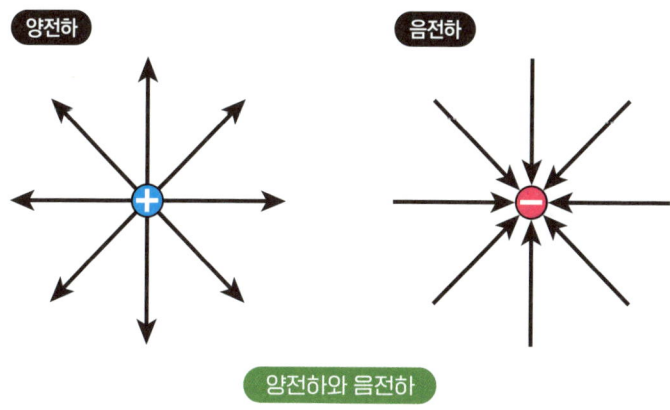

양전하와 음전하

역제곱 법칙이 없었다면 브라운관도 없었을까?

거듭 말하지만 우리가 전기장의 효과를 직접 목격하는 일은 거의 없다. LCD 모니터 보급으로 사라졌지만 브라운관은 전기장을 인식할 수 있는 몇 안 되는 기회였다.

그렇다면 브라운관 내부의 전기장은 어떻게 제어될까? 우선 정전기장은 전하에서만 발생하며 브라운관 내부에서는 각 전극에 양전하와 음전하만 강제로 집중시켜 전기장을 생성한다.

전기장은 양전하 주위에서 방사상으로 바깥쪽을 향해 형성된다(다음 그림의 ①). 반면 음전하 주위에서는 마찬가지로 방사상이지만 안쪽을 향해 형성된다(다음 그림의 ②). 이러한 특성으로 인해 양전하를 평면에 깔면 평면에 수직인 성분을 제외한 나머지는 상쇄되어 전기장은 평면에 수직으로 바깥쪽을 향하게 된다(다음 그림의 ③).

반대로 음전하를 평면에 깔면 평면에 수직으로 안쪽을 향하게 된다(다음 그림의 ④). 그리고 이 두 평면을 가까이 가져가면 평면 사이의 전기장은 서로 강화되지만 외부 전기장은 상쇄되어 평면 사이에만 전기장이 존재하게 된다(다음 그림의 ⑤).

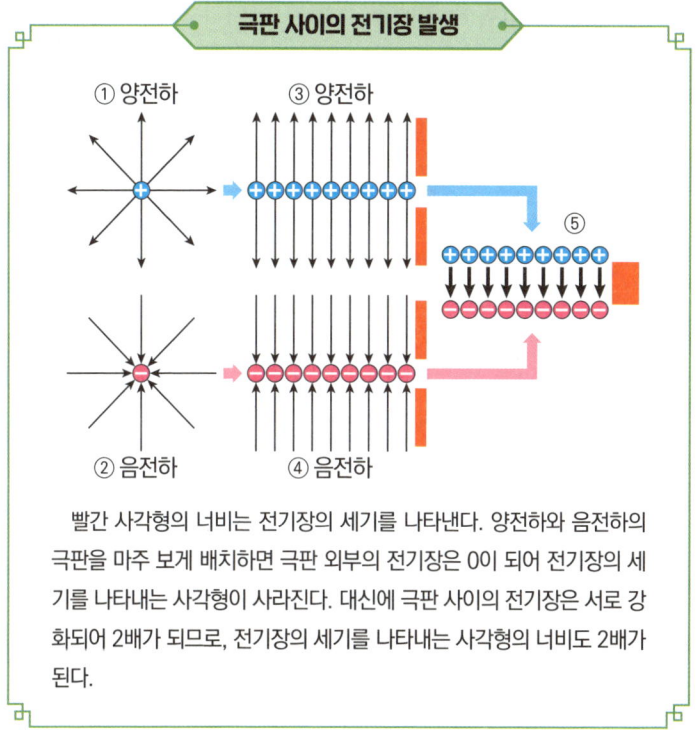

빨간 사각형의 너비는 전기장의 세기를 나타낸다. 양전하와 음전하의 극판을 마주 보게 배치하면 극판 외부의 전기장은 0이 되어 전기장의 세기를 나타내는 사각형이 사라진다. 대신에 극판 사이의 전기장은 서로 강화되어 2배가 되므로, 전기장의 세기를 나타내는 사각형의 너비도 2배가 된다.

이것이 브라운관에서 전자의 궤도를 굽히기 위해 극판 사이에 전기장을 발생시키는 방법이다. 여기에는 쿨롱 법칙에서 도출된 '전기력은 평면으로부터의 거리에 관계없이 일정하다'는 원리가 적용된다. 즉 전기력이 같다는 것은 평면상에 균일하게 분포된 전하가 만드는 전기장이 평면으로부터의 거리에 관계없이 일정하다는 것을 의미한다.

만약 쿨롱 법칙이 역제곱 법칙이 아니라면 이러한 상황은 성립하지 않으므로 전기장의 크기도 평면으로부터의 거리에 따라 달라진다. 그러면 평면 외부의 전기장이 상쇄되지 않으며 전

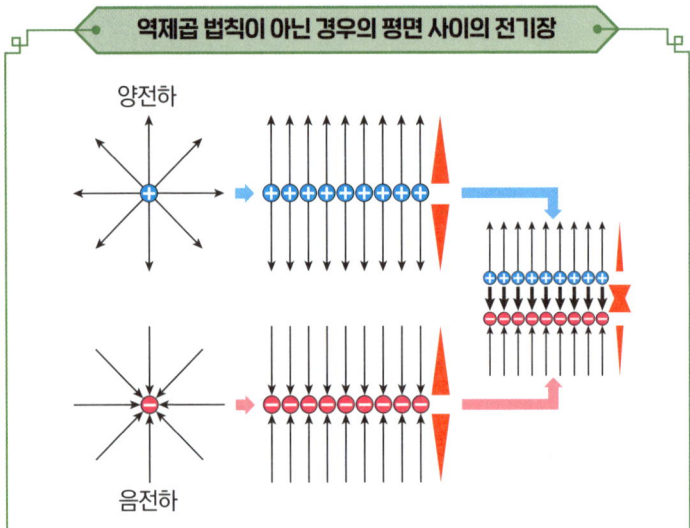

빨간 삼각형은 전기장의 세기를 나타내며, 삼각형의 폭이 넓을수록 전기장이 강해진다. 아래 평면의 아래쪽 영역에서는 음전하가 생성하는 위쪽 방향의 전기장이, 위 평면의 위쪽 영역에서는 양전하가 만드는 아래쪽 방향의 전기장이 강해진다. 이로 인해 평면 외부에서 전기장이 0이 되지 않는다(다만 전기장의 크기가 작아지면서 삼각형의 폭도 좁아진다). 또한 평면 사이의 전기장은 평면에 가까울수록 강해지므로 전자가 통과하는 위치에 따라 전기장의 크기가 달라진다. 이로 인해 전자의 움직임을 제어하기가 어려우며, 특히 극판 사이의 중앙에서 전기장이 약해진다.

하를 띤 입자들은 '평면 사이의 어디를 통과하는지'에 따라 전기장을 통과할 때 서로 다른 힘을 받게 된다. 결국 전자를 제어하기가 매우 어려워진다(130쪽 그림 참고).

극단적으로 말하자면 역제곱 법칙이 아니었다면 브라운관은 존재하지 못했을 수 있다. 또한 브라운관이 작동하려면 내부가 진공 상태여야 하는데, 이는 공기 중에서는 전자가 빠르게 이동할 때 공기 분자와 충돌하여 멈추기 때문이다. 반대로 말하면 이것이 공기 중에서 호흡하며 살아갈 수밖에 없는 우리가 전기장으로 인해 전하를 띤 물체가 휘어지는 현상을 거의 볼 수 없는 이유이기도 하다. 이러한 특성 때문에 전자기학은 역학보다 더 복잡하고 추상적으로 느껴질 수 있다.

전기장이 일상에서 쓰이는 예시는 브라운관 외에는 찾기 어렵다. 그나마 번개를 떠올릴 수 있지만, 번개의 경우 '절연 파괴' 현상으로 빛과 소리가 발생한다. 이는 본래 절연체인 공기 중에 전류가 흐르면서 공기를 강제로 플라스마화하는 상태이므로 '전기장에 의해 가속되는 전자의 전형적인 움직임'이라고 보기는 어렵다. 그런 의미에서 전자기학의 원리 그 자체였던 브라운관이 우리 주변에서 사라진 것은 물리학자로서 매우 아쉬운 일이다.

에디슨과 백열전구

전류 · 전압 · 전력

토머스 에디슨(Thomas Alva Edison)은 어린이용 위인전에 빠짐없이 등장할 만큼 유명한 인물이다. '발명왕'으로 알려진 그가 남겼다고 전해지는 "천재는 99%의 노력과 1%의 영감으로 이루어진다"라는 명언은 카피라이터도 쉽게 생각해 내기 어려운 걸작으로 평가받는다. "나는 실패한 것이 아니다. 단지 성공하지 않은 1만 가지 방법을 찾았을 뿐이다"라는 말도 유명하다. 지칠 줄 모를 정도로 노력했으며 결코 지기 싫어했던 성격이었음을 엿볼 수 있는 에디슨다운 발언이다.

에디슨은 축음기와 백열전구 같은 발명으로 유명하지만, 발명자로서 인정받지 못한 사례도 많았다. 예를 들어 전화기는 알렉산더 그레이엄 벨(Alexander Graham Bell)이 공식 발명자로 인정받았지만, 에디슨 역시 이 분야에서 상당한 진전을 이루었다. 그러나 최종 특허는 벨의 몫이 되었다.

일반적으로 에디슨은 순수 과학자나 기술자보다는 실용적

인 기술 개발과 사업화에 탁월했던 실업가로 평가받는다. 전화 시스템에서 그의 주요 공헌 중 하나인 카본 마이크로폰(탄소 마이크) 개발조차 동시대의 데이비드 에드워드 휴스(David Edward Hughes)의 공적으로 여겨지는 경우가 많다.

또한 에디슨은 발달장애가 있었던 것으로 알려져 있으며, 초등학교를 석 달 만에 그만두어 정규 교육을 받지 못했다. 그 때문에 물리학과 수학 이론, 특히 전자기학에 대한 이해가 충분하지 않았을 거라는 이야기가 있다.

이렇게 '과학자보다는 기술자, 특히 사업가'라는 에디슨의 면모는 수만 번의 실험을 통해 백열전구에 최적인 필라멘트 소재를 발견하는 원동력이 되었다. 그러나 이런 그의 성향은 이후 젊은 천재 물리학자 니콜라 테슬라(Nikola Tesla)와의 이른바 '전류 전쟁'에서 자신을 공격하는 부메랑이 되기도 했다(뒤에서 자세히 설명하겠다).

옴의 법칙과 백열전구

에디슨이 전구 개발에 몰두하던 시기에 인류는 이미 전기를 공학적으로 활용하고 있었다. 전신은 상업적 서비스로 자리

잡았고, 벨의 전화도 특허 등록이 완료된 상태였다. 하지만 이들 모두는 통신 수단으로서의 전기 이용에 국한되어 있었다. 특히 전화 개발에서 벨에게 뒤처졌던 에디슨은 기존 통신 방식과는 다른 차원의 발명품, 즉 조명 기구로서의 전구 개발에 집념을 보였다.

전구의 원리는 간단하다. 잘 알려진 옴의 법칙을 떠올려 보자.

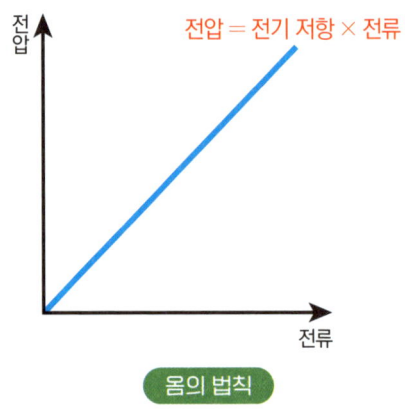

옴의 법칙

중학교 과학에서 배웠듯이, 전기 저항은 전류가 흐르기 어려운 정도를 나타내며 단위는 옴(Ω)이다. 초전도체를 제외한 모든 물질은 전류가 흐를 때 열이 발생하고, 이로 인해 일부 전기 에너지가 손실된다.

백열전구에서는 필라멘트가 저항 역할을 한다. 일정한 전압을 가하면 전류가 흐르고, 이 과정에서 발생한 열로 필라멘트가 빛을 낸다. 그렇다면 이때 얼마나 많은 열이 발생할까?

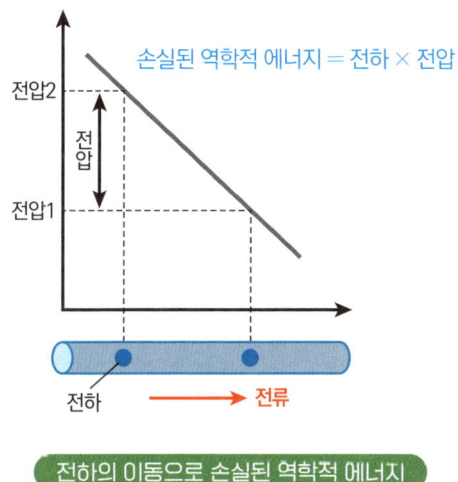

전하의 이동으로 손실된 역학적 에너지

이는 1장에서 다룬 에너지 보존 법칙으로 설명할 수 있다. 전하가 특정 전압 구간을 이동할 때 손실된 역학적 에너지(위치에너지)는 다음 식으로 구할 수 있다.

전하 이동으로 손실된 역학적 에너지 = 전하 × 전압

이 식이 성립하는 원리는 다음과 같다. 양의 전하를 전위차

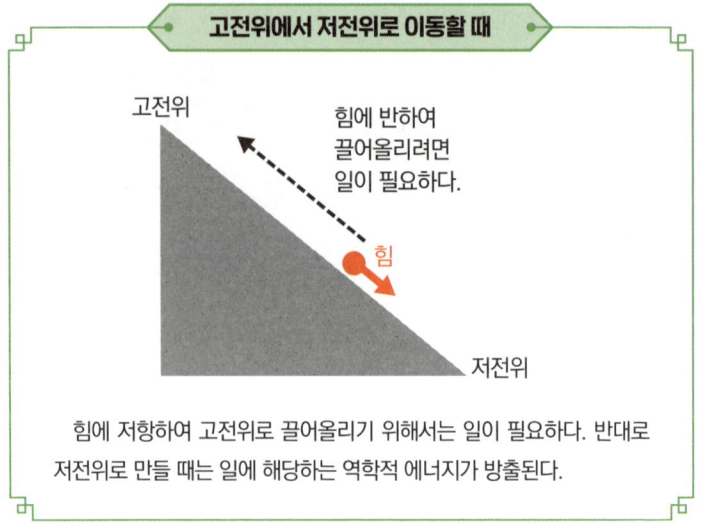

가 있는 곳에 놓으면, 전위가 높은 쪽에서 낮은 쪽으로 자연스럽게 '밀려나며', 이 과정에서 역학적 에너지가 방출된다. (전위는 전하와 관련된 위치 에너지로, 전기 퍼텐셜이라고도 불린다. 또한 두 점 사이의 전위의 차이를 전위차 또는 전압이라고 한다.)

왜 이런 현상이 발생할까? 일반적으로 양의 전하를 전위가 낮은 곳에서 높은 곳으로 이동시키려면 외부에서 '일'을 가해야 한다. 반대로 높은 곳에서 낮은 곳으로 이동할 때는 이 일의 양만큼 역학적 에너지가 '방출되어 손실된다'.

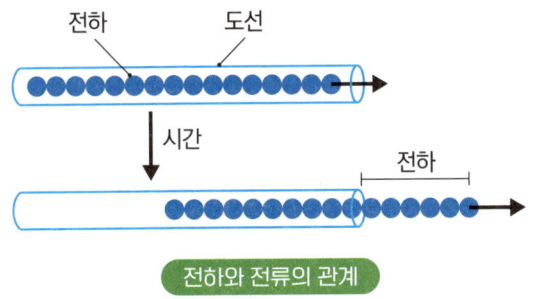

전하와 전류의 관계

전류는 단위 시간당 이동하는 전하의 양을 의미한다. 전류에 시간을 곱하면 전하가 되며, 이를 바탕으로 에너지를 계산할 수 있다. 전하의 이동으로 인해 손실되는 에너지는 다음과 같이 표현한다.

전하 이동으로 손실된 역학적 에너지 = 전류 × 시간 × 전압

이 식에서 단위 시간당 손실되는 에너지, 즉 발열은 다음과 같이 나타낼 수 있다.

단위 시간당 손실된 역학적 에너지(발열) = 전류 × 전압

따라서 단위 시간당 손실된 역학적 에너지가 클수록 발열이 증가하며, 이로 인해 전구가 더 밝게 빛난다. 여기서 전류의 단위는 암페어(A), 전압의 단위는 볼트(V)이며, 이 둘을 곱한 값의 단위는 와트(W)이다. 와트는 전력을 나타내는 단위다. 상점에서 판매하는 전구 중 와트 수가 높은 제품일수록 더 밝은 것이 이 때문이다.

한편 가정용 전기 계약에서는 암페어 용량을 지정하여 최대 사용 가능한 전력을 결정한다. 가정용 전압이 일반적으로 220볼트로 고정되어 있어서 암페어 값을 정하면 와트 값도 자연스럽게 결정되기 때문이다. 실제 계약은 암페어에 220을 곱한 와트 값, 즉 일정 시간 동안 사용할 수 있는 최대 전력량을 기준으로 한다.

우리는 '전력'이라는 말을 별 뜻 없이 사용하지만 실제 의미를 정확히 아는 경우는 적다. 전력은 '전류 × 전압'으로 표현되며, 이는 '단위 시간당 사용 가능한 에너지의 양'을 뜻한다.

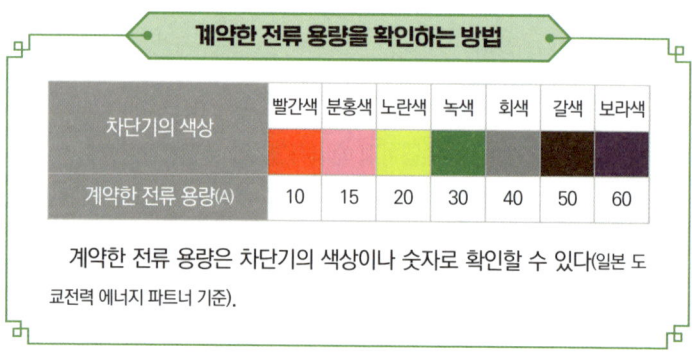

계약한 전류 용량을 확인하는 방법

차단기의 색상	빨간색	분홍색	노란색	녹색	회색	갈색	보라색
계약한 전류 용량(A)	10	15	20	30	40	50	60

계약한 전류 용량은 차단기의 색상이나 숫자로 확인할 수 있다(일본 도쿄전력 에너지 파트너 기준).

전열기와 백열전구는 종이 한 장 차이

백열전구 개발은 에디슨에게 최적의 과제였다. 물리 법칙을 발견하는 것을 넘어, 저렴하면서도 수명이 긴 필라멘트 소재를 찾아내는 사업가의 안목도 필요했기 때문이다.

백열전구 개발은 끊임없는 열과의 싸움이었다. 전기 저항으로 필라멘트를 빛나게 한다는 아이디어는 간단해 보였지만, 실제로는 에너지 대부분이 가시광선이 아닌 열과 적외선으로 변환되는 문제가 있었다. 더욱이 백열전구는 밀폐된 구조 때문에 램프나 촛불처럼 대류로 열을 배출할 수 없었다. 그 결과 내부에 열이 축적되어 발광 부분의 온도가 급격히 상승하고, 결국 필라멘트가 녹아 버리는 난관에 부딪혔다.

결국 목표했던 빛으로의 에너지 전환 비율은 극히 낮았다. 애초에 전기 저항으로 열을 발생시키는 구조 자체가 전열기와 같았기 때문에 열이 많이 발생할 수밖에 없었다.

에디슨은 이 문제를 해결하기 위해 지속적으로 빛을 내면서도 녹지 않는 소재를 찾고자 노력했다. 6,000종 이상의 재료를 실험한 끝에 일본산 대나무를 탄화해 만든 필라멘트가 1,200시간 이상 지속한다는 사실을 발견했다. 1,200시간이라고 하면 길어 보이지만 매일 밤 3시간씩 켠다고 가정하면 400일에 불과하다. 즉 1년 조금 넘는 수준으로 수명이 그리 길지 않았다.

오랫동안 램프를 써 온 인류에게 백열전구는 획기적인 발명이었다. 하지만 당시 가정에는 전기가 공급되지 않아 백열전구 판매만으로는 사업이 되지 않았다.

백열전구로 수익을 올리려면 먼저 일반 가정에 전기를 공급해야 했다. 이 때문에 사업가 에디슨은 전력 회사를 설립하여 백열전구와 발전·송전 사업 양쪽에서 이익을 얻으려 했다. 이 결정은 결과적으로 에디슨에게 비극을 초래했다(이 내용도 뒤에서 자세히 설명하겠다).

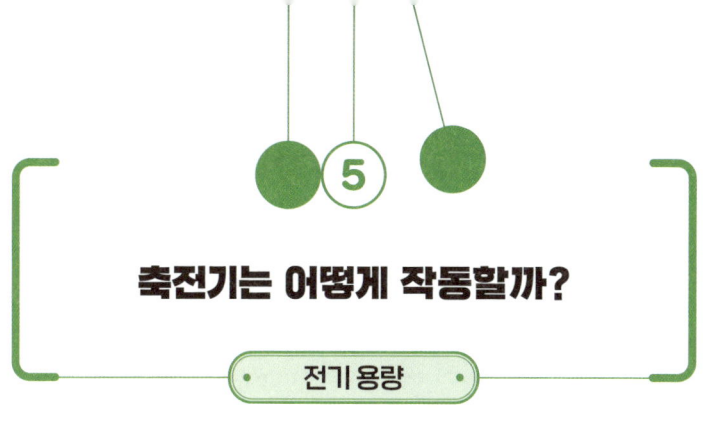

축전기는 어떻게 작동할까?

· 전기 용량 ·

전위차가 있는 두 지점(전압)을 전기 저항으로 연결하면 옴의 법칙(전압 = 전기 저항 × 전류)으로 정해진 크기의 전류가 흐른다. 그렇다면 회로 내 두 지점 사이의 전압이 감소하는 것은 저항에 전류가 흐를 때뿐일까?

사실은 그렇지 않다. 전기를 저장하고 필요할 때 방출할 수 있는 전자 부품인 축전기(콘덴서)를 사용해도 회로 내 두 지점 간의 전압을 낮출 수 있다. 많은 사람이 축전기를 학교에서 전자

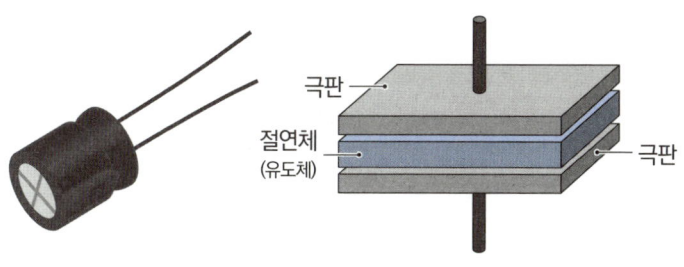

축전기(왼쪽)와 축전기 내부 구조(오른쪽)

공작으로 만든 라디오의 부품으로 기억할 것이다.

축전기는 앞의 그림과 같이 2개의 금속판(극판이라고 부름) 사이에 절연체를 끼워 넣은 단순한 구조로 되어 있다. 이렇게 간단한 구조로 어떻게 전기를 저장할 수 있을까?

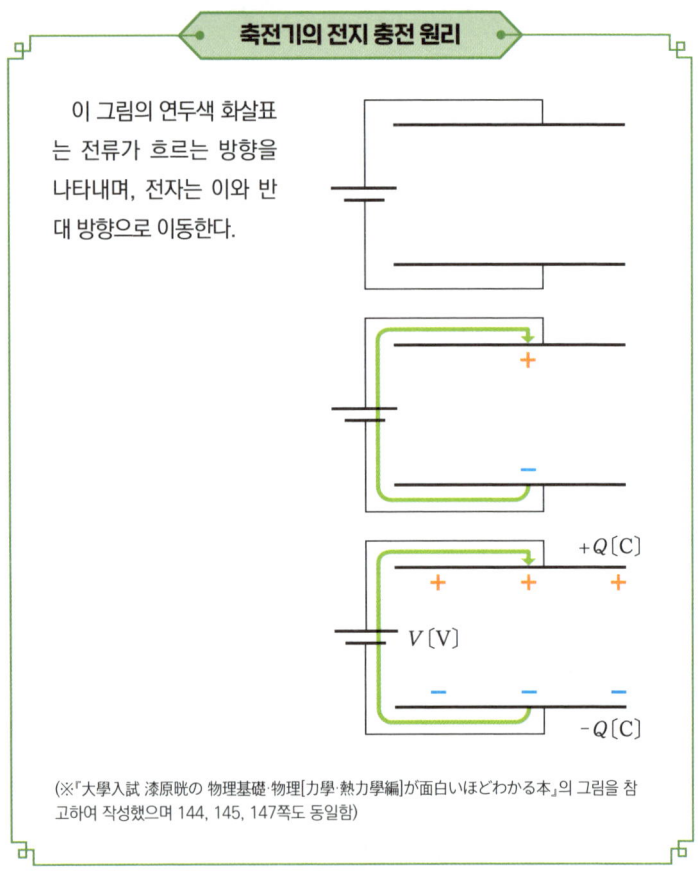

축전기의 전지 충전 원리

이 그림의 연두색 화살표는 전류가 흐르는 방향을 나타내며, 전자는 이와 반대 방향으로 이동한다.

(※『大學入試 漆原晃の 物理基礎·物理[力學·熱力學編]が面白いほどわかる本』의 그림을 참고하여 작성했으며 144, 145, 147쪽도 동일함)

전기장을 설명할 때 언급했지만 축전기에 전기가 저장되는 원리를 앞선 그림을 통해 다시 한번 복습해 보자. 초기에 축전기의 극판은 전기적으로 중성 상태다. 위쪽과 아래쪽 극판 모두 양전하와 음전하가 균형을 이루고 있어 대전되지 않은 상태를 유지한다.

그러나 전지를 연결하면 상황이 달라진다. 위쪽 극판에 있던 자유 전자들이 아래쪽 극판으로 이동하기 시작하면서 위쪽 극판은 점차 양전하를, 아래쪽 극판은 음전하를 띠게 된다. 최종적으로 위쪽 극판에 +Q 쿨롬의 양전하가, 아래쪽 극판에 -Q 쿨롬의 음전하가 축적되면 축전기에 Q 쿨롬의 전하가 저장되었다고 말할 수 있다.

전지와 축전기를 구별할 수 없다!

한편 144쪽 위쪽 그림과 같이 한번 대전된 축전기는 전지를 제거해도 저장된 전기가 즉시 사라지지 않는다. 양극과 음극에 대전된 판들이 서로 끌어당기므로 전하가 저장된 상태로 유지되기 때문이다.

여기서 퀴즈를 하나 내 보겠다. 이어지는 144쪽 아래 그림

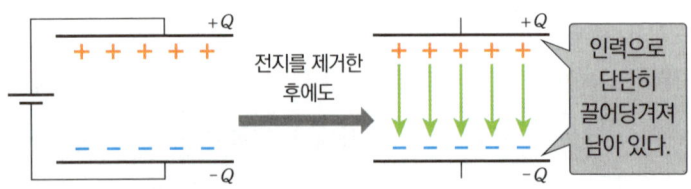

전지를 제거해도 전기를 그대로 저장하는 축전기

에서 전기 저항에 축전기를 연결한 회로 ①과 전기 저항에 전지를 연결한 회로 ②를 살펴보자. 두 회로 모두 전류가 흐른다. 그런데 만약 축전기와 전지 부분을 가린다면 어느 쪽이 전지이고 어느 쪽이 축전기인지 구별할 수 있을까?

정답은 '구별할 방법이 없다'이다. 전기 저항에 전지와 축전기를 연결하면 완전히 동일한 전류가 흐르기 때문에 두 부품을 가리면 구별할 수 없다.

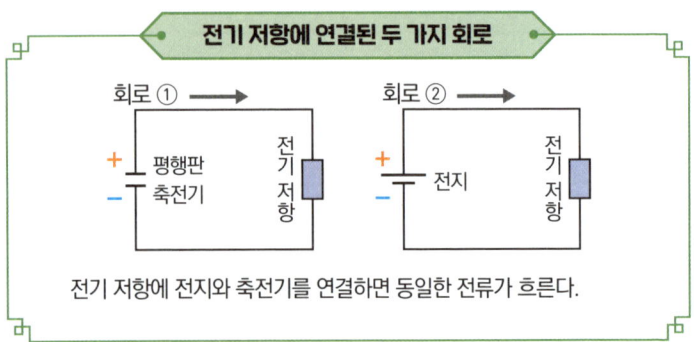

전기 저항에 연결된 두 가지 회로

전기 저항에 전지와 축전기를 연결하면 동일한 전류가 흐른다.

축전기의 용량은 어떻게 결정될까?

전지는 전위차, 즉 전압이 있어서 저항과 연결되면 전류가 흐른다. 마찬가지로 전하를 저장하는 축전기의 극판 사이에도 전압이 존재하는데, 저장된 전하량이 많을수록 전압이 커진다. 또한 전압이 클수록 더 큰 전류가 흐르며, 이들은 서로 비례한다.

$$전압 \propto 전하량$$

축전기가 얼마나 전하를 저장할 수 있는지를 나타내는 지표를 전기 용량(C)이라고 한다. 축전기의 전기 용량은 극판의 면

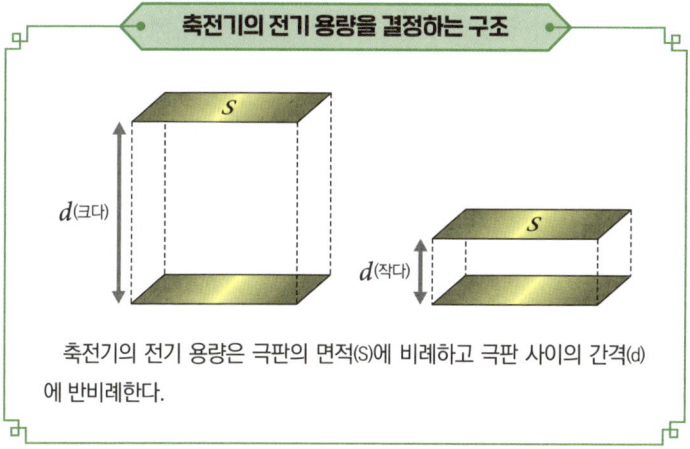

축전기의 전기 용량을 결정하는 구조

축전기의 전기 용량은 극판의 면적(S)에 비례하고 극판 사이의 간격(d)에 반비례한다.

적(S)과 극판 사이의 간격(d)에 따라 결정된다. 극판과 그 사이를 채우는 물질이 같다면 축전기의 전하 저장 능력은 그 형태에 따라 고유하게 정해진다.

고등학교 물리 교과서에는 축전기의 전기 용량(C)을 구하는 공식이 나온다.

$$C = \varepsilon \frac{S}{d}$$

여기서 ε는 극판 사이를 채우는 물질에 의해 결정되는 비례상수인 '유전율'이다. 이 공식에서 알 수 있듯이 극판의 크기가 크고 극판 사이의 거리가 좁을수록 전기 용량은 커진다.

흥미로운 점은 앞서 다룬 정전기를 저장하는 기구인 레이던병이 축전기 역할을 한다는 것이다. 레이던병의 외부와 내부에 붙어 있는 금속박이 극판 기능을 하여 축전기처럼 작동하는 원리다. 당시 사람들은 이러한 원리를 알지 못했기 때문에 단순히 레이던병 내부 공간에 전하가 모여 있다고 생각했을 것이다.

전하, 전기장, 전위는 떼려야 뗄 수 없는 존재

전하의 개념을 다시 살펴보자. 쿨롱 법칙에서도 설명했듯이 전하량(Q)은 대전된 물체가 지닌 전기의 양을 의미한다. 물체에 양성자보다 전자가 많으면 음으로 대전되고, 전자가 적으면 양으로 대전된다. 전하량은 다음 식으로 나타낼 수 있다.

$$전하량(Q) = 전기\ 용량(C) \times 전압(V)$$

다음으로 '전기장'을 다시 살펴볼 텐데, '장(場)'은 보이지 않지만 그 안의 물체에 힘이 작용하는 공간을 의미한다. 즉 전기

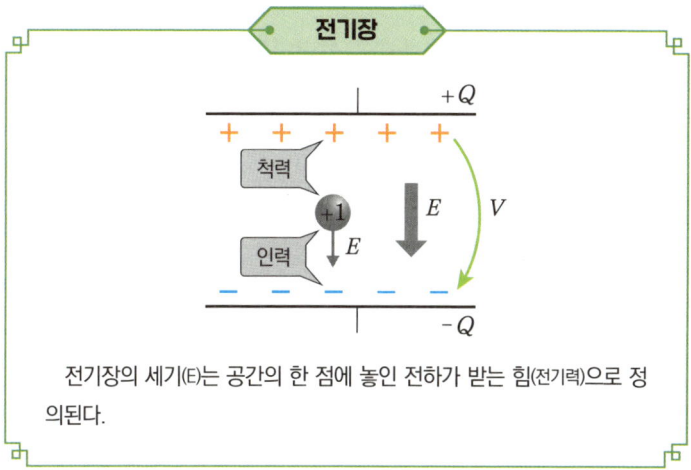

전기장의 세기(E)는 공간의 한 점에 놓인 전하가 받는 힘(전기력)으로 정의된다.

장은 전하가 전기적 힘을 받는 공간으로, '전계'라고도 부른다.

전기장의 세기(E)는 공간의 한 점에 놓인 전하, 즉 점전하가 받는 힘(전기력)으로 표현한다. 전압(V)은 점전하를 전기장의 세기(E)에 반하여 이동시키는 데 필요한 일의 양이다. 이를 식으로 나타내면 다음과 같다.

전압(V) = 전기장의 세기(E) × 전하가 이동한 거리(d)

따라서 전기장은 다음 식으로 표현할 수 있다.

$$E = \frac{V}{d}$$

고등학교 물리 교과서에서 설명하듯이, 이 식은 평행판 축전기 사이의 전기장이 두 극판 사이의 전압을 극판 간 거리로 나눈 값과 같다는 것을 나타낸다.

물리량 정의의 모순

앞서 설명한 식은 축전기뿐만 아니라 전기 저항에 전류가 흐르는 경우에도 성립한다. 식으로 표현하면 다음과 같다.

$$전기장 = \frac{전압}{전기 저항의 길이}$$

여기서 까다로운 문제가 발생한다. 전기 저항이 없는 도선 부분에 전기장이 존재한다면 위 식에 따라 그곳에는 거리와 비례하는 전압이 존재하게 된다. 그러나 전압이 있고 전류가 흐르는데도 전기 저항이 0이라면 옴의 법칙(전압 = 전기 저항 × 전류)과 모순된다.

이런 모순을 해결하기 위해 물리학자들은 '전기장은 오직

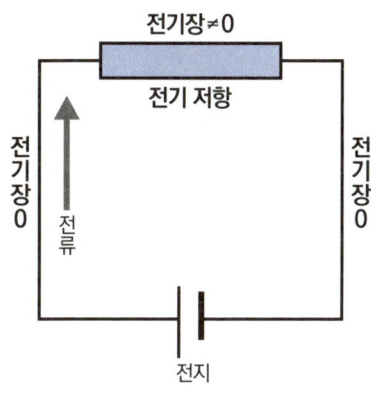

전지에 전기 저항을 연결했을 때의 전기장에 대한 생각

전기 저항이 있는 곳에만 존재한다'는 결론을 내렸다. 다소 억지스러운 논리처럼 보이지만 어쩔 수 없는 선택이었다. 만약 전기 저항이 없는 도선에 전기장이 존재한다면 전하는 계속 가속되어 전류가 무한히 증가할 것이다. 하지만 실제로는 일정한 전류가 흐르므로 이러한 가정이 필요했던 것이다.

이 다소 역설적인 정의(도선 내부에 전기장이 존재한다면 현실과 모순되므로 전기장이 없다고 하자!)는 이제 한 바퀴 돌아 오히려 도선의 정의가 되었다. 즉 '전기장이 절대 생기지 않는 물질을 도선이라고 부른다'는 것이다.

이처럼 처음에 도출된 결과(전기 저항이 없는 도선 내부에 전기장이 존재한다면 옴의 법칙과 모순되므로 존재하지 않는다)가 반대로 정의되는(내부에 전기장이 생기지 않는 물질을 도선으로 정의) 일은 물리학에서 종종 일어난다. 에너지 보존 법칙도 처음에는 실험에 기반한 결과에 불과했지만 지금은 보존된다는 것이 오히려 에너지의 정의 중 하나로 자리 잡았다. 이와 같이 실험을 통해 축적된 결과를 확실한 정의로 대체해 나가는 것은 물리학의 중요한 과정이다.

참고로 실제 회로에서는 도선 부분에도 매우 작은 전기 저항이 있다. 그러나 그곳에서의 전위 변화는 무시할 수 있을 정도이므로 '전기 저항은 0으로 간주한다'고 표현한다. 실제로 전기 저항이 완전히 0인 물질은 초전도체뿐이며, 상온·상압에서 초전도 상태를 유지하는 물질은 아직 발견되지 않았다.

디지털 사회를 지탱해 주는 축전기

축전기는 모터보다 덜 친숙한 부품으로 느껴질 수 있지만 현대 디지털 사회에서 핵심적인 역할을 한다. 예를 들어 컴퓨터 메모리에도 축전기가 들어간다. 컴퓨터가 계산을 수행하려면 숫자를 기록할 장소가 필요하다. 1＋1＝2를 계산할 때도 1, 1, 2라는 세 가지 숫자를 기록할 공간이 필요하며, 이 기록 공간에 축전기가 활용된다.

축전기는 전하가 축적되어 있으면 '1', 비어 있으면 '0'을 나타낸다. 0과 1만 표현할 수 있는 것처럼 보이지만 이진법을 사용하면 다양한 데이터를 처리할 수 있다.

이진법은 어떤 숫자든 1과 0만으로 표현할 수 있는 편리한 방법이다. 예를 들어 축전기 10개를 준비한다고 가정해 보자. '방전'에서 '충전'까지, 10개의 축전기가 가질 수 있는 모든 경우의 수는 2^{10}, 즉 1,024가지이다. 이는 곧 축전기 10개로 0부터 1023까지의 숫자를 표현할 수 있다는 뜻이다. 만약 축전기를 11

개로 늘리면 경우의 수는 2배인 2,048가지가 되고, 12개라면 다시 2배인 4,096가지가 된다. 이처럼 축전기 개수를 늘리면 얼마든지 더 큰 숫자를 표현할 수 있다.

여기서는 컴퓨터를 예로 들었지만 스마트폰의 메모리 관리도 같은 원리로 작동한다. 스마트폰에 저장된 음악과 영상도 축전기의 '충전'과 '방전' 패턴으로 표현된다.

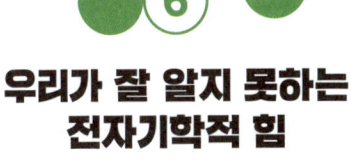

우리가 잘 알지 못하는 전자기학적 힘

로런츠 힘

　로런츠 힘은 자기장 내에서 운동하는 하전 입자가 받는 힘을 의미하며, 1895년 네덜란드 레이던대학교의 물리학자 헨드릭 로런츠(Hendrik Lorentz)가 발견했다. 같은 전자기학적 힘이지만 로런츠 힘은 전기력보다 우리 일상과 훨씬 가깝게 작용한다. 실제로 로런츠 힘을 활용한 제품들을 주변에서 쉽게 찾아볼 수 있다. 그럼에도 전기력에 비해 대중적인 인지도는 훨씬 낮은 편이다.

　일반적으로 자기장은 자석이 만든다고 생각하지만 실제로는 전류가 만드는 경우가 더 흔하다. 인류가 자기장을 전류로 안정적으로 제어할 수 있게 된 것은 불과 200년 전부터이며, 그 전에는 자석이 주된 자기장 발생원이었다.

　전류가 흐르면 그 주위로 자기장이 형성되는데, 다음 그림과 같이 이 자기장의 회전 방향은 전자의 이동 방향에 대해 오른나사 법칙으로 정의된다. 즉 '전류가 흐르는 방향으로 오른나

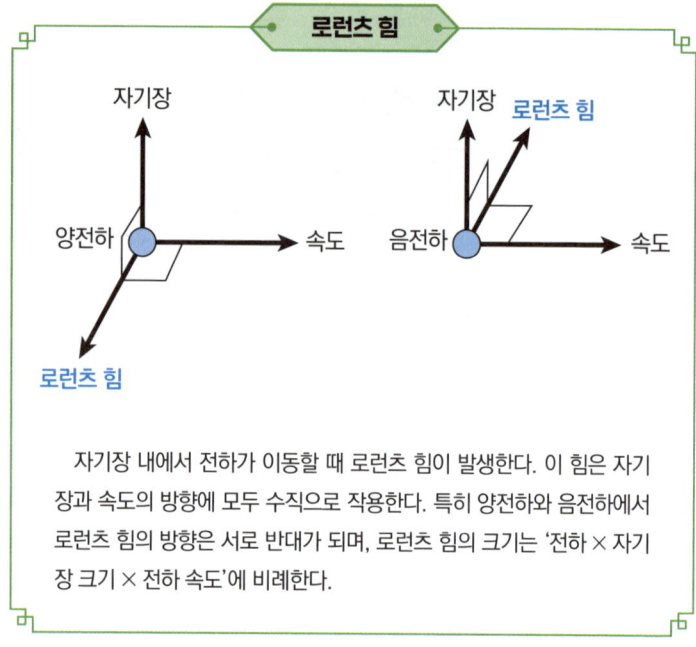

자기장 내에서 전하가 이동할 때 로런츠 힘이 발생한다. 이 힘은 자기장과 속도의 방향에 모두 수직으로 작용한다. 특히 양전하와 음전하에서 로런츠 힘의 방향은 서로 반대가 되며, 로런츠 힘의 크기는 '전하 × 자기장 크기 × 전하 속도'에 비례한다.

사를 감을 때 나사의 회전 방향'이 자기장의 방향이다. 하지만 전류의 방향과 실제 전자가 이동하는 방향이 반대여서 이를 직관적으로 이해하기는 어렵다.

큰 전기력을 발생시키려면 대량의 양전하나 음전하를 한곳에 모아야 한다. 하지만 양전하와 음전하는 서로 강하게 끌어당기므로 전하를 모으는 순간에 주변의 반대 부호 전하가 끌려와 중성화된다. 이를 차단하는 것은 기술적으로 복잡해서 큰 전기력을 만들기가 쉽지 않다. 반면 로런츠 힘은 단순히 전류를 크

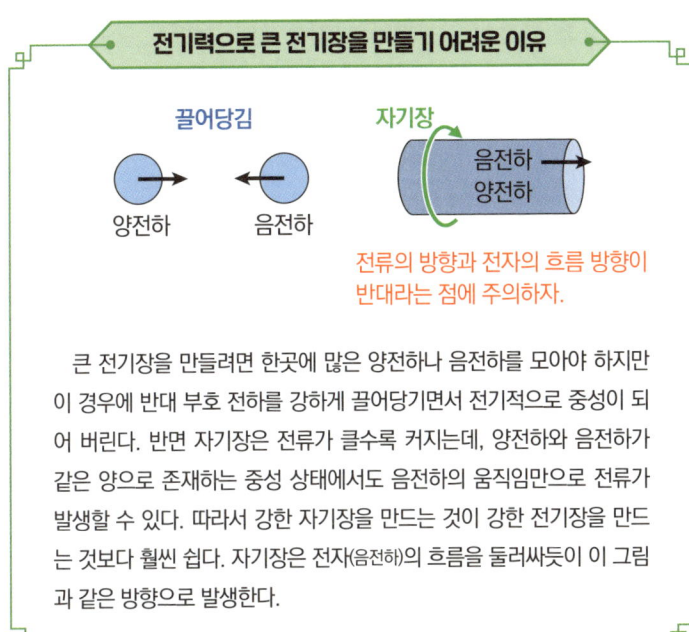

큰 전기장을 만들려면 한곳에 많은 양전하나 음전하를 모아야 하지만 이 경우에 반대 부호 전하를 강하게 끌어당기면서 전기적으로 중성이 되어 버린다. 반면 자기장은 전류가 클수록 커지는데, 양전하와 음전하가 같은 양으로 존재하는 중성 상태에서도 음전하의 움직임만으로 전류가 발생할 수 있다. 따라서 강한 자기장을 만드는 것이 강한 전기장을 만드는 것보다 훨씬 쉽다. 자기장은 전자(음전하)의 흐름을 둘러싸듯이 이 그림과 같은 방향으로 발생한다.

게 흘리는 것만으로도 강한 힘을 만들 수 있다. 이로 인해 로런츠 힘이 전기력보다 일상에서 더 자주 쓰이게 되었다.

로런츠 힘의 대표적인 실용 사례 '모터'

일상에서 로런츠 힘을 가장 흔히 볼 수 있는 것은 모터이다. 모터는 전류가 자기장으로부터 받는 로런츠 힘을 이용해 기어나 바퀴 등을 회전시키는 기구로, 작동 원리는 매우 단순하다.

예를 들어 직류 모터는 자석 사이에 코일을 배치하고 전류를 흘려보내면 코일에 회전력이 발생한다. 이때 코일을 움직이는 구동력은 전류가 자기장에서 받는 로런츠 힘이다. 중학교 때 배운 '플레밍의 왼손 법칙'을 떠올려 보자.

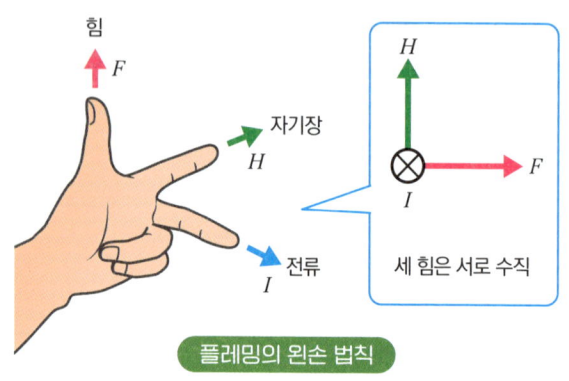

플레밍의 왼손 법칙

위 그림과 같이 왼손의 세 손가락을 사용하여 힘, 자기장, 전류의 방향을 나타낼 수 있다. 검지는 자기장의 방향, 중지는 전류의 방향, 그리고 엄지는 힘의 방향을 가리킨다. 자기장과 전류가 직각으로 교차하면 엄지 방향으로 힘이 발생한다. 이어지는 '직류 모터의 구조' 그림에서는 이 원리에 따라 N극에서는 아래쪽으로, S극에서는 위쪽으로 힘이 작용하여 코일이 반시계 방향으로 회전한다.

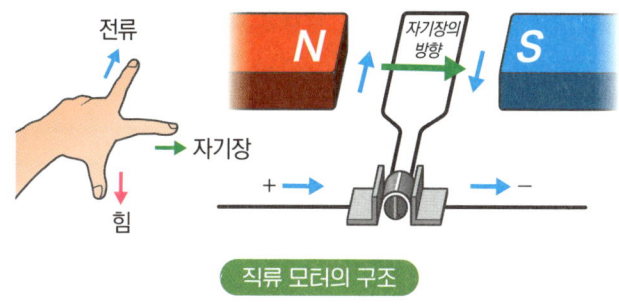

직류 모터의 구조

그러나 코일이 위 그림의 상태에서 반시계 방향으로 90° 회전하면, 코일에 흐르는 전류의 방향이 반대가 되어 자기장에서 발생하는 로런츠 힘이 반대 방향으로 작용한다. 이로 인해 코일이 시계 방향으로 회전하며 원래 상태로 돌아가게 된다. 선풍기 날개가 오른쪽으로 돌다가 갑자기 왼쪽으로 도는 것과 같은 상태다. 기어나 바퀴를 회전시키려면 루프가 한 방향으로 계속 회전해야 하므로 이는 문제가 된다.

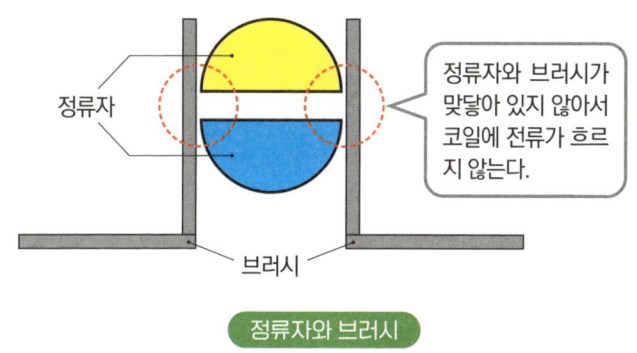

정류자와 브러시

이 문제를 해결하는 것이 정류자와 브러시다. 정류자는 앞선 그림과 같이 의도적으로 간격을 두어 회전할 때 정류자와 브러시가 접촉하지 않는 순간이 생기도록 설계된다. 이때 코일을 회전시키는 로런츠 힘은 잠시 사라지지만 관성으로 인해 코일은 계속 회전한다. 정류자가 다시 브러시에 접촉하면 이전과 같은 방향으로 전류가 흘러서 같은 방향의 로런츠 힘이 작용해 코일이 계속 회전하게 된다.

발명 당시부터 변함없는 모터의 기본 원리

로런츠 힘으로 루프를 회전시키는 모터의 원리는 매우 단순하면서도 효율적이며, 발명 이후로 기본 원리가 변하지 않았다. 이는 오랫동안 개선을 거듭해 온 엔진(내연 기관)과는 대조적이다. 전선으로 전류를 공급하면 되는 궤도차(레일을 달리는 소형 차량)는 오래전에 엔진이 모터로 대체되었으며 디젤 기관도 대부분 전기 기관차로 전환되었다.

한편 전선을 따라 달릴 수 없는 자동차는 전력 공급 문제로 인해 오랫동안 전기 자동차가 엔진 구동 자동차를 이길 수 없었다. 그러나 효율적인 배터리가 등장하면서 마침내 자동차에도 모터가 엔진을 대체하려는 움직임이 일어나고 있다.

모터는 대부분의 가전제품과 산업 기계에 내장되어 있지만 로런츠 힘을 응용한 사례는 생각보다 적다. 그 몇 안 되는 예외 중 하나가 레일건이다. 레일건은 로런츠 힘을 이용한 최신 첨단 기술로, 화약 대신 전자기력으로 탄환을 고속 발사한다. 전기가 잘 통하는 소재로 만든 레일 사이에 탄환을 놓고 전류와 자기장을 발생시켜 발사하는 방식이다. 레일건은 이전까지 무기 마니아 등 일부에게만 알려진 용어였지만 〈어떤 과학의 초전자포〉라는 만화가 큰 인기를 얻으면서 이 용어를 아는 사람들이 늘어났다고 한다.

레일건은 기존 엔진보다 구조가 훨씬 단순하지만 아직 광범위하게 실용화되지 못했다. 주로 전력 공급 문제 때문이다. 물체를 발사하는 장치인 레일건의 가장 유망한 응용 분야는 총기이지만, 총기는 안정적인 전력 공급이 어려운 야외에서도 사용할 수 있어야 한다. 현재 배터리 기술로는 화약을 사용하는 기존 총기에 비해 휴대성과 연사 성능이 떨어진다.

고정식 대포와 같은 레일건은 전력 공급 문제가 일부 해결되더라도 기존 대포에 버금가는 위력을 내기 위해 대규모 전류 공급이 필수적이다. 즉 레일건을 원정군이 사용하더라도 적지에서 전원을 확보하기 어렵고, 수비 측 요새에 설치하더라도 포

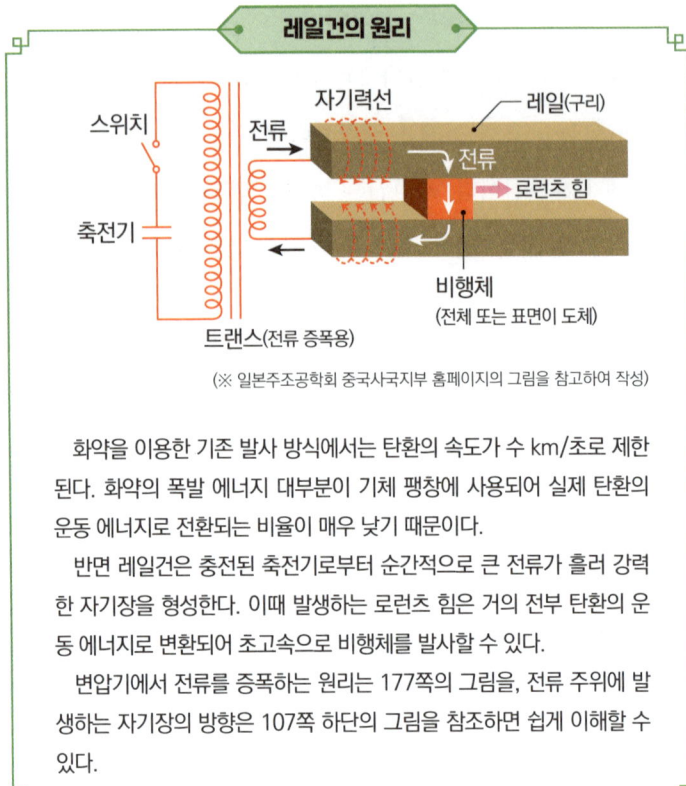

(※ 일본주조공학회 중국사국지부 홈페이지의 그림을 참고하여 작성)

화약을 이용한 기존 발사 방식에서는 탄환의 속도가 수 km/초로 제한된다. 화약의 폭발 에너지 대부분이 기체 팽창에 사용되어 실제 탄환의 운동 에너지로 전환되는 비율이 매우 낮기 때문이다.

반면 레일건은 충전된 축전기로부터 순간적으로 큰 전류가 흘러 강력한 자기장을 형성한다. 이때 발생하는 로런츠 힘은 거의 전부 탄환의 운동 에너지로 변환되어 초고속으로 비행체를 발사할 수 있다.

변압기에서 전류를 증폭하는 원리는 177쪽의 그림을, 전류 주위에 발생하는 자기장의 방향은 107쪽 하단의 그림을 참조하면 쉽게 이해할 수 있다.

위되면 가장 먼저 외부로부터 전력 공급이 차단될 것이다.

이러한 단점을 상쇄할 만큼 레일건의 성능이 뛰어나야 하지만, 현재는 기존 대포를 크게 뛰어넘는 출력(예를 들어 우주 공간 도달 능력)을 달성하기 어렵다. 또한 기술적 난도가 매우 높아 실용화까지는 시간이 더 필요하다. 그럼에도 레일건 기술의 잠재력은 여전히 크다. 우리 후손들은 언젠가 레일건으로 우주선을 지구 밖으로 발사하는 모습을 목격하게 될 것이다.

레일건은 아직 실용화되지 않았지만 유사한 원리를 적용한 자기부상열차가 이미 개발 중이다. 레일건의 핵심인 로런츠 힘으로 물체를 직선 추진하는 기술은 열차의 동력 시스템으로 직접 활용할 수 있다.

이미 철제 바퀴와 레일을 사용하는 우수한 열차 기술이 있음에도 자기부상열차를 개발하는 데는 이유가 있다. 로런츠 힘을 통한 가속과 추진, 그리고 자기 부상 기술을 동시에 활용할 수 있기 때문이다.

이러한 시스템의 핵심은 초전도체다. 전기 저항이 없는 이 물질은 내부에 자기장이 침투하지 못하는 성질(완전 반자성)을 가져서 자기장 내에 놓이면 척력으로 인해 떠오른다. 로런츠 힘에 필요한 자기장이 이미 존재하고, 이 힘은 열차 진행 방향에 수직으로 작용한다. 여기에 강력한 초전도체를 추가로 설치하면 열차를 떠오르게 할 수도 있다.

차체를 부상시키면 마찰이 줄어들어 더 빠른 속도로 주행할 수 있다. 세계에서 가장 빠른 상업 운행 열차는 중국의 자기부상열차로, 시속 430km의 속도를 자랑한다. 하지만 이 기술로 줄일 수 있는 것은 주로 차륜의 구름마찰(물체가 면 위를 구를 때 바

자석 위에 올려놓은 초전도체

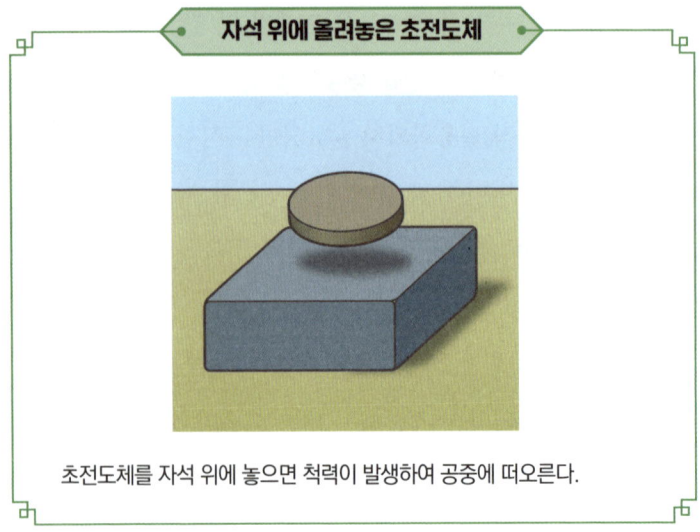

초전도체를 자석 위에 놓으면 척력이 발생하여 공중에 떠오른다.

닥 때문에 생기는 마찰)이며, 고속 주행 시 가장 큰 문제인 공기 저항은 여전히 존재하므로 극적인 속도 향상을 기대하기는 어렵다(참고로 일본의 신칸센은 시속 320km의 영업 속도를 달성하고 있다).

중국의 자기부상열차는 현재 30km라는 짧은 노선 길이로 인해 최고 속도에 도달하자마자 곧바로 감속해야 하는 한계가 있다. 시속 430km로 30km를 주행해도 5분도 채 걸리지 않지만 가속과 감속에 상당한 시간이 걸린다. 그러나 향후 노선이 연장된다면 최고 속도의 장점을 누릴 수 있을 것이다.

자기부상열차의 추진력은 N극과 S극을 교대로 배열한 판을 약간 어긋나게 배치함으로써 생성된다. N극과 S극은 서로

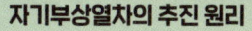

자기부상열차의 추진 원리

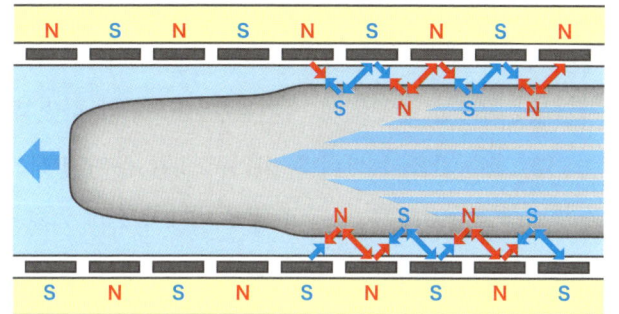

(※ 일본 야마나시현립 리니어 견학센터 홈페이지의 그림과 해설을 참고하여 작성)

자기부상열차 하부에는 초전도 자석들의 N극과 S극이 교대로 배치되어 있다. 지상에는 추진 코일이 설치되어 있으며, 이 코일에 전류를 흘려 발생하는 자기장(N극과 S극)과 상호작용한다. 서로 다른 극 사이에는 강한 인력이 작용하고, 같은 극 사이에는 척력이 발생하면서 차량을 앞으로 밀어낸다.

끌어당기고, 같은 극은 서로 밀어내는 성질을 이용한다. N극과 S극이 정확히 맞추어져 있지 않으면 판은 한쪽으로 움직이게 된다. 다만 N극과 S극이 정렬되는 순간 움직임이 멈추기 때문에 지속적인 추진력을 얻기 어렵다.

하지만 한쪽 판을 전자석으로 만들고, N극과 S극이 정렬될 때 전자석의 극성을 빠르게 반전시키면 같은 극이 마주 보게 되어 다시 움직이기 시작한다. 이러한 전자석의 극성 전환을 적절한 타이밍(전자석의 N극과 영구자석의 S극, 전자석의 S극과 영구자석의 N극이 정렬되는 순간)에 반복하면 이론적으로 지속적인 추진력을 얻을 수 있다.

자기부상열차는 추진력에 자기를 사용하기만 하면 되고, 부상(浮上)은 필수 요소가 아니다. 따라서 차륜 주행 방식의 자기부상열차도 존재한다. 일본에는 자기 부상 방식을 채택한 자기부상열차로 아이치현의 리니모(영업 거리 8.9km)가 유일하지만, 차륜 주행 방식의 자기부상열차는 기술적 요건이 단순하여 널리 사용되고 있다. 특히 일본 수도권 지하철에서도 수십 년 전부터 차륜 주행 방식의 자기부상열차가 운행 중이다.

대량의 양전하나 음전하를 한곳에 모아야만 사용할 수 있는 전기력과 달리, 전류와 자기장만 있으면 작용할 수 있는 로런츠 힘은 응용 가능성이 훨씬 넓다. 현재는 모터를 제외하면 로런츠 힘의 실용적인 응용 사례가 비교적 적다. 하지만 과학 기술의 발전 속도를 고려하면 앞으로 로런츠 힘의 응용 범위가 확대될 가능성이 충분하다.

테슬라와 에디슨의 전류 전쟁

> 직류와 교류

　테슬라라고 하면 현재 일론 머스크가 이끄는 글로벌 전기자동차 제조업체로 유명하지만, 그 회사 이름은 발명가 니콜라 테슬라에서 유래했다. 테슬라는 에디슨보다 대중적 인지도는 낮지만 전류 전쟁이라고 불린 발전기 규격 논쟁에서 승리한 전설적인 발명가다(물론 '전쟁'은 기술적 대결을 비유한 표현이다).

　앞서 설명한 대로 백열전구를 발명한 에디슨은 직류 발전기를, 테슬라는 교류 발전기를 추진했다. 알다시피 직류는 한 방향으로만 흐르는 전류이고, 교류는 주기적으로 흐름이 바뀌는 전류다.

　테슬라는 처음에 에디슨의 전등 회사에서 기술자로 일했으나 교류 발전기의 우수성을 주장하며 에디슨과 대립하다 몇 달 만에 실직했다. 실의에 빠진 테슬라에게 기회를 준 것은 에디슨의 경쟁사인 웨스팅하우스 전력 회사였다. 웨스팅하우스가 테슬라의 교류 발전기 특허로 전력 사업을 시작하면서 에디슨과의 전류 전쟁이 본격적으로 펼쳐졌다.

에디슨은 직류의 우수성을 알리고자 교류가 위험하다는 부정적인 캠페인을 펼쳤다. 심지어 교류 발전기로 작동하는 사형용 전기의자 도입까지 추진해 교류의 위험성을 부각하기도 했다. 이에 테슬라는 100만 볼트의 교류를 자신의 몸에 통과시키는 대담한 시연으로 맞섰다. 오랜 싸움 끝에 테슬라의 교류 발전기가 시장을 장악하면서 에디슨은 패배를 맛보게 된다.

직류 발전기 vs. 교류 발전기

왜 전류 전쟁에서 직류 진영이 교류 진영에 패배하게 되었는지 물리학적 관점에서 살펴보겠다. 먼저 발전기의 작동 원리를 이해해야 한다.

발전기는 전자기 유도 현상을 이용해 전기를 생성한다. 전자기 유도란 금속 근처에서 자석을 움직이면 전류가 흐르고, 동시에 자석의 움직임을 상쇄하려는 힘이 작용하는 현상이다.

예를 들어 다음과 같이 자석을 코일에 가까이 가져가면 자석을 밀어내는 코일의 자기장이 발생하여 유도 전류가 흐른다. 반대로 자석을 멀리 떨어뜨리면 자석을 끌어당기는 코일의 자

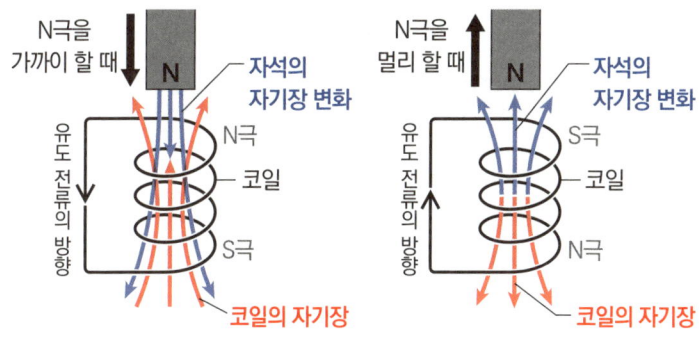

전자기 유도 구조

기장이 발생하여 반대 방향의 유도 전류가 흐른다. 다만 자석 자체의 자기장 방향(N극에서 S극으로)은 코일과 멀어지든 가까워지든 관계없이 같다.

고리 모양의 도체에 유도 전류가 흐르면 그 주위로 전류를

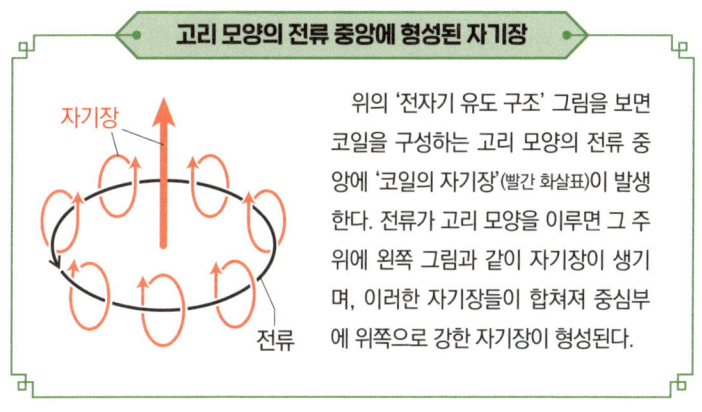

고리 모양의 전류 중앙에 형성된 자기장

위의 '전자기 유도 구조' 그림을 보면 코일을 구성하는 고리 모양의 전류 중앙에 '코일의 자기장'(빨간 화살표)이 발생한다. 전류가 고리 모양을 이루면 그 주위에 왼쪽 그림과 같이 자기장이 생기며, 이러한 자기장들이 합쳐져 중심부에 위쪽으로 강한 자기장이 형성된다.

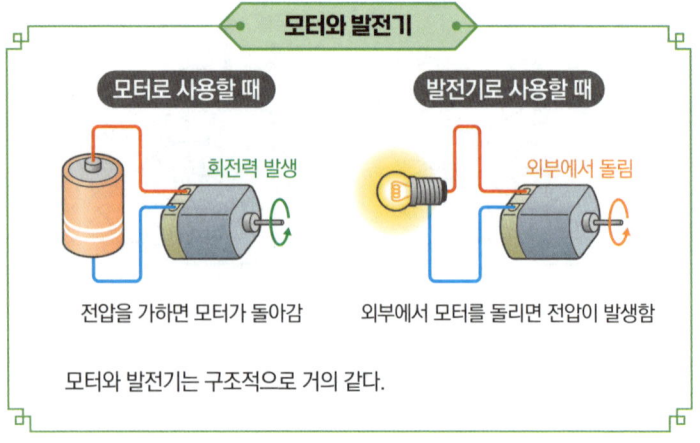

감싸는 자기장이 만들어진다. 특히 고리 중심부에서는 이 자기장들이 같은 방향으로 정렬되어 서로를 강화하고, 그 결과 강한 위쪽 방향의 자기장을 형성한다.

의외일 수 있지만 모터와 발전기는 구조적으로 큰 차이가 없다. 모터는 자기장 내에서 전류를 흘려 코일을 회전시키고, 발전기는 코일을 고정한 채 자기장을 회전시켜 전류를 유도한다는 차이만 있을 뿐이다.

발전기에서 지속적인 유도 전류를 얻으려면 자석과 코일 사이의 거리가 계속 변해야 한다. 다음 그림처럼 자석을 코일에 가까이 하거나 멀리 하는 움직임이 필요하다. 자석의 움직임이 멈추면 유도 전류의 흐름도 멈추어 발전기는 기능을 상실한다.

이 오른쪽 그림에서는 고정된 코일에 자석을 움직여 유도 전류를 만들어 내지만, 반대로 자석을 고정하고 코일을 움직이는 방식도 가능하다.

이어지는 그림을 보면 에디슨의 직류 발전기는 '자석을 고정하고 코일

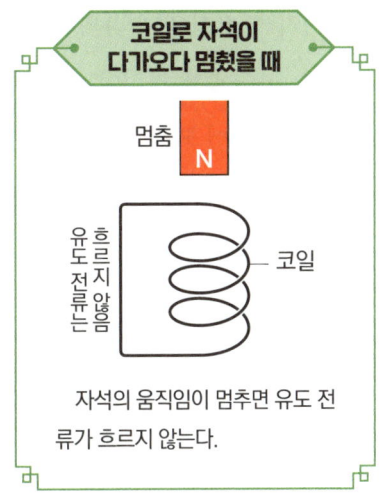

을 회전시키는' 방식(아래 왼쪽 그림)을 채택했다. 반면 테슬라의 교류 발전기는 '코일을 고정하고 자석을 회전시키는' 방식(아래 오른쪽 그림)으로 에디슨과는 반대되는 접근법을 채택했다.

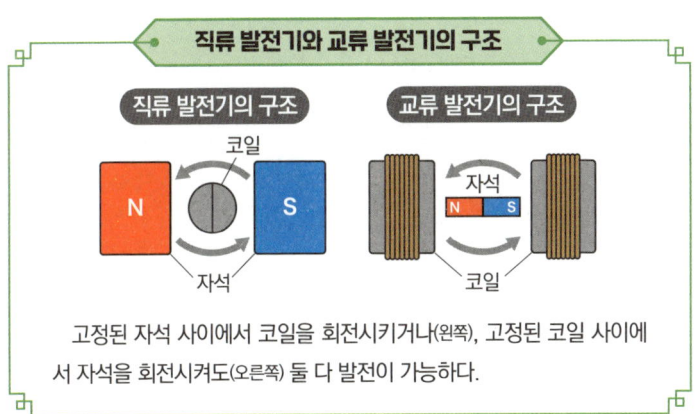

여기서 잠시 테슬라의 교류 발전기 원리를 살펴보면 코일(루프) 사이에서 자석이 회전할 때 루프를 관통하는 자기장이 변화한다. 이 과정에서 자석의 N극 자기장이 증가하는 기간과 S극 자기장이 증가하는 기간이 번갈아 나타난다. 그 결과 전류 방향이 주기적으로 바뀌면서 직류가 아닌 교류가 발생하게 된다.

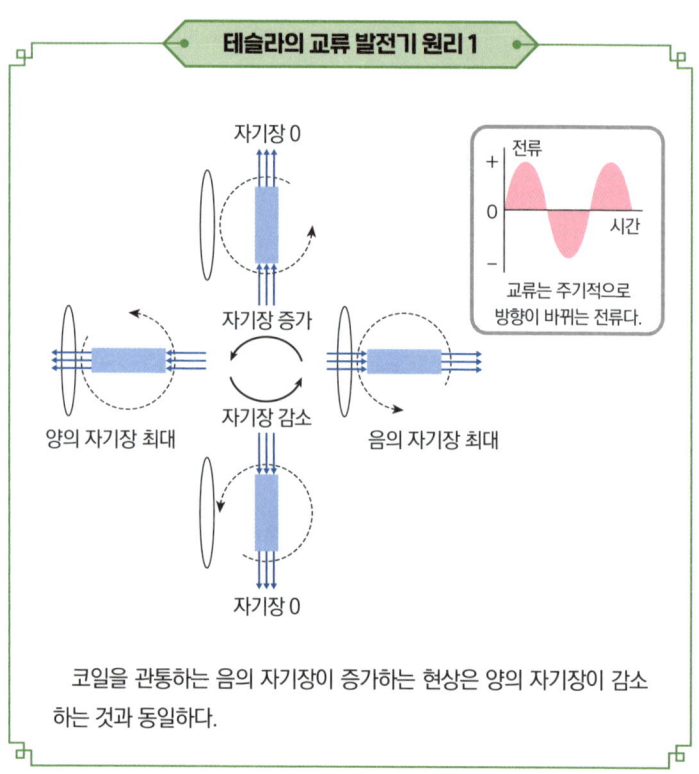

테슬라의 교류 발전기 원리 1

교류는 주기적으로 방향이 바뀌는 전류다.

코일을 관통하는 음의 자기장이 증가하는 현상은 양의 자기장이 감소하는 것과 동일하다.

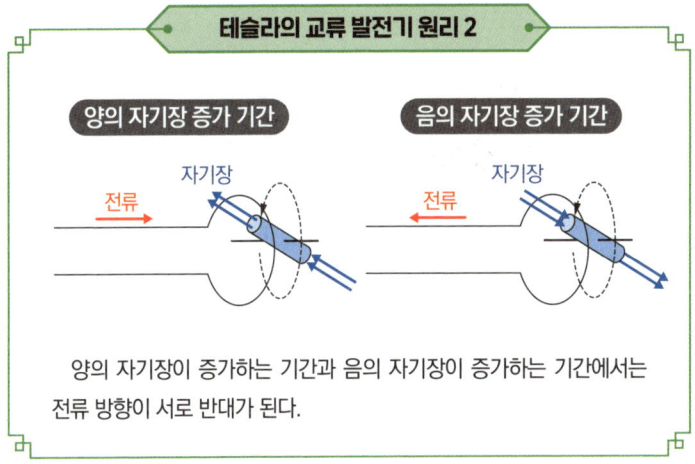

양의 자기장이 증가하는 기간과 음의 자기장이 증가하는 기간에서는 전류 방향이 서로 반대가 된다.

에디슨의 직류 발전기는 전류 방향이 변하지 않았지만 루프와 모터를 연결하는 회로 사이에 접촉점이 필요했다. 이러한 이유로 불꽃이 튀거나 전력이 손실되는 등 공학적으로 불안정하다는 단점이 있었다.

테슬라의 교류 발전기 역시 해결해야 할 과제가 있었다. 교류는 전류와 전압이 주기적으로 변하기 때문에 다루기 어렵고 장치를 소형화하기도 힘들었다. 이로 인해 초기의 발전기는 모두 '직류' 방식을 채택했다.

그러나 테슬라는 2개 이상의 교류 회로를 조합하여 부드럽게 회전하는 '2상교류모터의 원리(회전 자기장)'를 고안했고, 이를 바탕으로 2상교류모터를 설계했다.

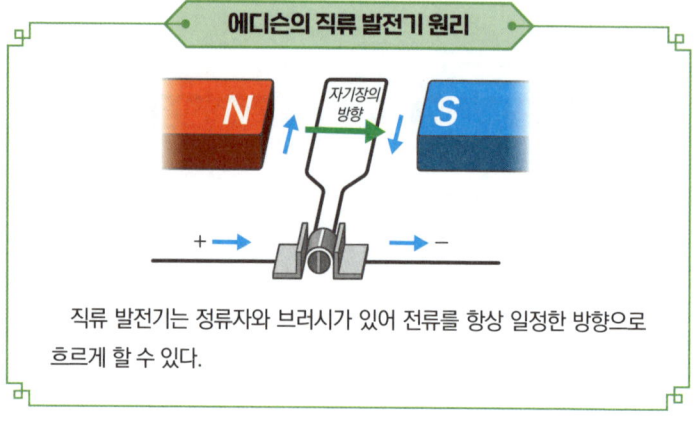

직류 발전기는 정류자와 브러시가 있어 전류를 항상 일정한 방향으로 흐르게 할 수 있다.

앞서 설명했듯이 에디슨이 개발한 직류 발전기는 구조적인 문제로 인해 송전 손실이 컸다. 직류를 얻으려면 회로와 루프를 연결하는 접촉점이 필요한데, 이 지점에서 모터의 회전 속도가 빨라지면서 불꽃이 튀어 어렵게 만든 전기가 손실되었다.

또한 에디슨이 고안한 직류 방식의 송전 시스템은 송전 손실로 인해 짧은 거리에서만 전력을 전달할 수 있었고, 대규모 발전 시설이 필요하다는 심각한 단점이 있었다. 발전기의 성능이 아무리 뛰어나더라도 발전소에서 멀리 떨어진 곳까지 전기를 보낼 수 없다면 사업성이 없었다. 광대한 미국 대륙에 전기를 골고루 공급하려 할 때 이는 치명적인 결함이었다. 직류 방식의 송전 시스템이 송전 효율에 뛰어난 교류 방식으로 빠르게 대체된 것은 과학 기술적으로 필연적인 흐름이었다.

테슬라가 고안한 2상교류모터(위)와 작동 원리(아래)

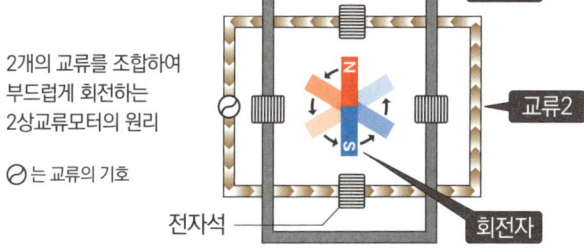

2개의 교류를 조합하여
부드럽게 회전하는
2상교류모터의 원리

⊘는 교류의 기호

교류1

교류2

전자석

회전자

(※ 일본 추부원자력간담회 홈페이지의 그림을 참고하여 작성)

  2상교류모터에서 생성된 교류1과 교류2는 서로 다른 위상을 가지며, 한 전류가 증가할 때 다른 전류는 감소하는 패턴을 보인다. 이러한 위상차이는 각 전류가 만드는 전자석의 자기장에도 반영된다. 그 결과 모터 중앙의 막대자석은 자기장이 형성된 코일 쪽으로 끌리면서 일정한 속도로 부드럽게 회전한다. 직류 시스템에서 발전기와 모터가 같은 구조였듯이, 외부 힘으로 자석 부분을 회전시키면 이 장치는 교류 발전기로 작동하여 전기를 생성할 수 있다.

에디슨은 이 흐름을 제대로 읽지 못했다. 발명가로서 그의 능력을 고려하면 직류 방식의 한계를 몰랐을 리 없다. 하지만 이미 구축한 직류 방식을 버리고 교류 방식으로 전환한다는 것은 사업가로서도, 발명가로서도 자존심 때문에 쉽게 받아들이기 어려웠을 것이다.

앞서 언급했듯이 테슬라는 에디슨의 전등 회사에 기술자로 채용되어 교류 방식을 채택할 것을 강력히 주장했다. 결과적으로 에디슨이 젊은 천재 테슬라의 의견을 수용했다면 초기 단계에 있던 발전 사업을 독점할 기회를 얻었을지도 모른다.

치열한 전류 전쟁 끝에 결국 패배한 에디슨은 자신이 설립한 에디슨 제너럴 일렉트릭 컴퍼니의 대주주들로부터 신임을 잃고 사장 자리에서 물러났다. 또한 회사명에서 '에디슨'이라는 이름이 사라지는 굴욕을 겪어야 했다. 그 후 제너럴 일렉트릭(GE)은 전기, 항공기 엔진, 의료기기, 철도, 금융 등 광범위한 사업을 다루는 세계적인 대기업으로 성장했다. 에디슨이 놓친 물고기는 무척 컸다.

사용하기 편리한 교류 방식

에디슨이 추진한 직류 방식의 한계에 대해 좀 더 생각해 보자. 전력은 고전압으로 송전할수록 손실이 적다. 고전압으로 송전하면 전류가 낮아져 송전선에서의 발열이 억제되기 때문이다('줄의 법칙' 참고).

백열전구는 발열이 많을수록 밝아지므로 전류가 높은 것이 유리하다. 하지만 전기를 멀리 보낼 때는 도중에 발열로 인한 에너지 손실을 최소화해야 하므로 전류는 낮은 것이 좋다.

그렇다면 송전에서 어떻게 해야 전류를 낮출 수 있을까? 전기를 멀리 보내는 경우에는 도선의 길이가 정해져 있어 전기 저항이 일정하다. 여기서 조절할 수 있는 것은 전압과 전류다. 발전기가 생산하는 전력은 다음 식으로 표현할 수 있다.

전력(와트) = 전류(암페어) × 전압(볼트)

전류와 전압의 조합은 무수히 많지만 에너지 보존 법칙에 따라 전압이 변해도 전력의 양은 변하지 않는다. 즉 전압이 높아지면 전류는 작아지므로 전기 저항으로 인한 열 손실이 줄어든다. 다시 말해 전압이 높을수록 손실되는 역학적 에너지는 적다.

에디슨의 직류 방식이 빠르게 도태된 배경에는 교류 방식이 송전 시 손실이 적고 전압을 변환하기 용이하다는 장점이 있었다. 공장은 물론이고 가정이나 사업장에서 전기를 실제로 사용할 때는 안전을 위해 전압을 낮추어야 한다. 즉 '사용할 때는 저전압, 송전할 때는 고전압'으로 조절해야 한다.

이를 실현하려면 전압을 제어하는 변압 작업이 필요하지만, 당시 기술로는 직류의 변압이 어려웠다. 직류는 일정한 자기장만 만들 수 있고, 변동하지 않는 자기장에서는 전류가 유도되지 않기 때문이다.

반면에 교류는 전류의 크기와 방향이 자연스럽게 변하므로 변동하는 자기장을 쉽게 만들 수 있다. 이 교류 자기장은 유도 기전력(전자기 유도에 의해 생기는 기전력)을 만들어 다음과 같은 방식으로 전압을 쉽게 변환해 냈다. 이것이 전압을 제어하는 변압기의 기본 원리다.

교류 전류 → 교류 자기장 → 유도 기전력

이 변압기의 원리는 지금도 보편적으로 사용된다. 브라운관, 백열전구, 전화기와 같은 옛 기술들은 현재 디스플레이, 조

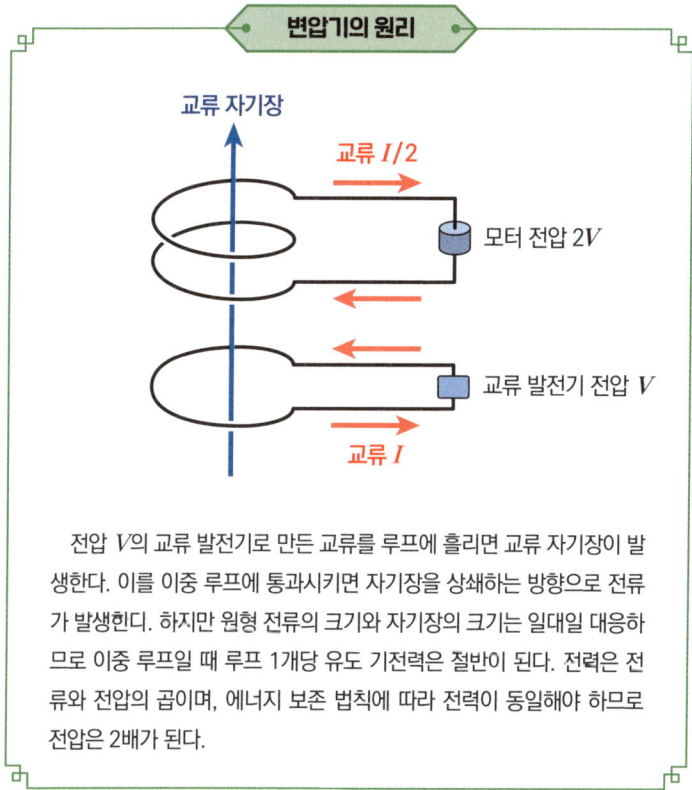

전압 V의 교류 발전기로 만든 교류를 루프에 흘리면 교류 자기장이 발생한다. 이를 이중 루프에 통과시키면 자기장을 상쇄하는 방향으로 전류가 발생된다. 하지만 원형 전류의 크기와 자기장의 크기는 일대일 대응하므로 이중 루프일 때 루프 1개당 유도 기전력은 절반이 된다. 전력은 전류와 전압의 곱이며, 에너지 보존 법칙에 따라 전력이 동일해야 하므로 전압은 2배가 된다.

명, 음성 통화 분야에서 자리를 내어 주었다. 하지만 테슬라가 고안한 '교류 발전 → 변압기 → 교류 송전 → 변압기 → 모터'라는 틀은 여전히 최전선에서 활약하고 있다.

그동안 발명가라고 하면 백열전구와 영화 촬영기를 만든 에디슨, 전화를 발명한 벨 등이 가장 널리 알려져 왔다. 그러나 최근 니콜라 테슬라에 관한 관심이 크게 높아지며 그의 삶과 업적을 다룬 영화와 문학 작품들이 잇따라 창작되고 있다. 맨해튼의 뉴요커 호텔에서 테슬라가 외롭게 생을 마감한 지 약 80년이 지난 지금, 우리는 비로소 누가 진정으로 위대한 발명가였는지를 깨닫게 되었다.

교류는 정말 에너지를 운반할까?

직류와 교류에 관해 설명할 때 가끔 이런 질문을 받는다. "교류는 전하가 왔다 갔다 할 뿐이고, 전하는 마치 없는 것과 같습니다. 그렇다면 전력도 공급되지 않는 것 아닌가요? 결국 평균적으로 보면 이동하지 않으니 전류도 흐르지 않는 게 아닐까요?"

꽤 그럴듯한 의문이다. 교류에서는 전하가 왔다 갔다 할 뿐이라 에너지도 전달되지 않을 것 같은 인상을 준다. 하지만 가정에서 사용하는 전력은 교류이다. 그럼에도 전자제품들이 별 문제 없이 작동하는 이유는 무엇일까? 이해하기 쉽게 다음과 같이 서로 반대 방향으로 연결된 2개의 직류 회로를 생각해 보자.

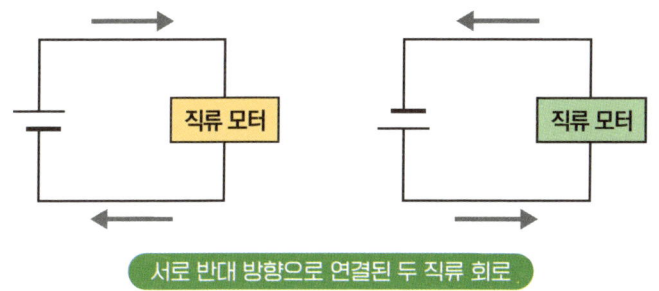

서로 반대 방향으로 연결된 두 직류 회로

이 2개의 직류 회로에서 전류 방향은 서로 반대다. 회로 반대쪽에 직류 모터가 연결되어 있다고 가정할 때 모터의 회전 방향은 반대이지만 전력 공급은 확실히 이루어지고 있다.

교류 회로는 본질적으로 이 두 가지 직류 회로 상태를 번갈아 실현하는 것과 비슷하다. 교류에서는 전류 방향을 갑자기 바꿀 수 없으므로 전류를 일단 0으로 줄인 후에 반대 방향으로 증가시킨다. 전류 크기가 계속 변화한다는 점만 다를 뿐 교류 회로는 이 두 가지 직류 회로 상태를 오가며 전력을 공급한다.

이를 물레방아에 비유하자면, 바퀴가 오른쪽으로 돌든 왼쪽으로 돌든 일을 한다는 본질은 변하지 않는 것과 같다. 또한 교류 모터는 진동하는 전류를 이용해도 한 방향으로만 회전하도록 설계되어 있어 아무 문제가 없다.

이러한 예시를 통해 전력 공급을 단순히 전하 이동으로만 이해하면 오히려 오해가 생길 수 있음을 알 수 있다. 물이 순환할 때 물레방아가 정상적으로 작동하듯이, 전력 공급에서도 전하의 운동 자체가 핵심이다. 따라서 전원에서 전력 공급처로 전하가 에너지를 나르듯 운반한다는 고정관념은 버려야 한다. 이런 생각이 늘 정확한 것은 아니기 때문이다.

교류 자기장의 다양한 응용 사례

부연 설명을 덧붙이자면, 루프 내에 교류 자기장이 발생했을 때 전류가 흐르는 특성은 일상에서 다양하게 활용된다. 대표적인 예가 인덕션 레인지다. 인덕션 레인지는 냄비 바닥에 수많은 루프를 내장하고, 외부에서 교류 자기장을 일으켜 루프에 전류를 흐르게 한다. 이때 발생한 전류는 줄의 법칙(226쪽 참고)에 따라 열로 변환되며, 이 열을 조리에 활용하는 원리다.

자기장 변동을 활용한 또 다른 사례로 자동판매기의 동전 식별기가 있다. 원리는 매우 단순하다. 경사진 홈에 동전을 굴려 떨어뜨릴 때 중간에 자석을 설치해 두면, 동전이 그곳에 지나는 순간 '루프 내의 자기장 변동'이 발생하여 전류가 흐른다. 이 전류는 주변 자기장과 상호작용하여 로런츠 힘을 발생시키고, 이로 인해 동전이 굴러가는 속도가 변화한다.

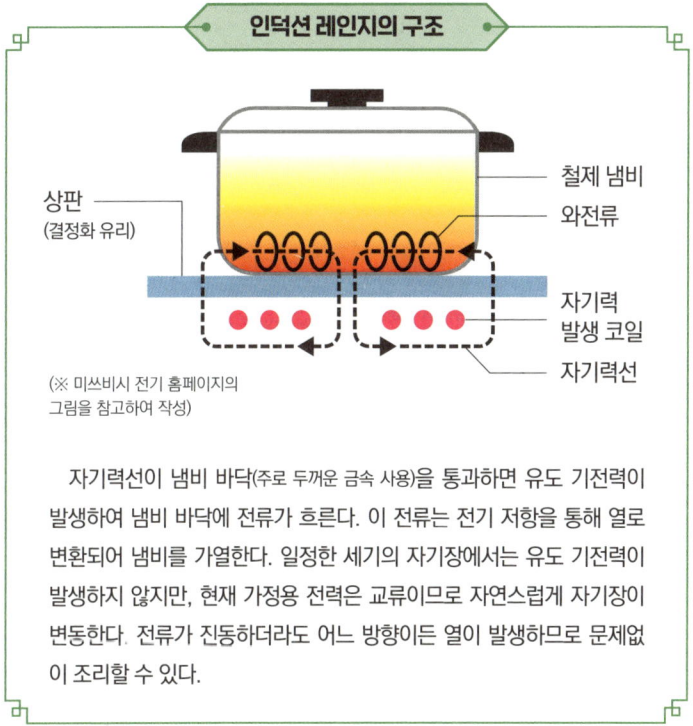

자기력선이 냄비 바닥(주로 두꺼운 금속 사용)을 통과하면 유도 기전력이 발생하여 냄비 바닥에 전류가 흐른다. 이 전류는 전기 저항을 통해 열로 변환되어 냄비를 가열한다. 일정한 세기의 자기장에서는 유도 기전력이 발생하지 않지만, 현재 가정용 전력은 교류이므로 자연스럽게 자기장이 변동한다. 전류가 진동하더라도 어느 방향이든 열이 발생하므로 문제없이 조리할 수 있다.

동전의 재질과 크기에 따라 발생하는 전류가 다르므로 홈의 끝까지 굴러갔을 때의 최종 속도는 동전마다 달라진다. 이러한 속도 차이를 잘 활용하면 특정 종류의 동전을 항상 같은 위치에 떨어지도록 설계할 수 있다. 그 위치에 컵 같은 수거 장치를 놓아두면 동전 식별기가 완성된다.

더 복잡한 응용 사례로는 교통카드 같은 비접촉식 IC 카드

간이 동전 식별기

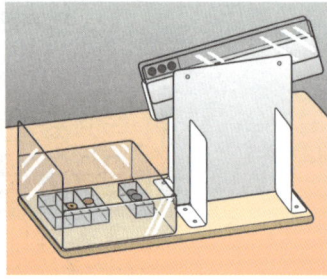

양쪽에 자석을 부착한 홈의 상단에서 동전을 굴리면, 동전의 종류에 따라 홈의 끝에서의 속도가 달라진다(왼쪽 그림). 서로 다른 속도로 홈을 빠져나온 동전은 착지 위치도 다르므로, 같은 종류의 동전이 떨어지는 위치마다 상자를 놓아두면 동전을 식별할 수 있다(오른쪽 그림).

가 있다. IC 카드는 소형 컴퓨터이므로 자기 기억 장치와 달리 작동에 동력이 필요한데, 이 동력은 외부에서 IC 카드의 내장 루프에 교류 자기장을 가하여 얻는다.

루프에 교류 자기장을 발생시키면 전류가 흐르는 현상을 유도 기전력으로 부르지만 이는 오해의 소지가 있는 표현이다. 여기서 '기전력'이 의미하는 것은 사실 '전압'이다.

전압은 회로상 두 점 사이의 차이를 나타내야 하는데, 이 경우에는 두 점이 '어디든지' 될 수 있다. 루프에 교류 자기장을 발생시키면 전류가 흐르지만 정해진 것은 방향뿐이라서 '어떤 두 점 사이에도 전압이 있다'는 결과가 된다. 네덜란드의 판화가 마우리츠 코르넬리스 에스허르(Maurits Cornelis Escher)의 착시 왜곡을 이용한 그림처럼 '계단을 계속 올라가도 결국 제자리로 돌아오는' 것 같은 상태다.

방향만 정해져 있으면 '어디와 어디 사이의 전압'이라는 표

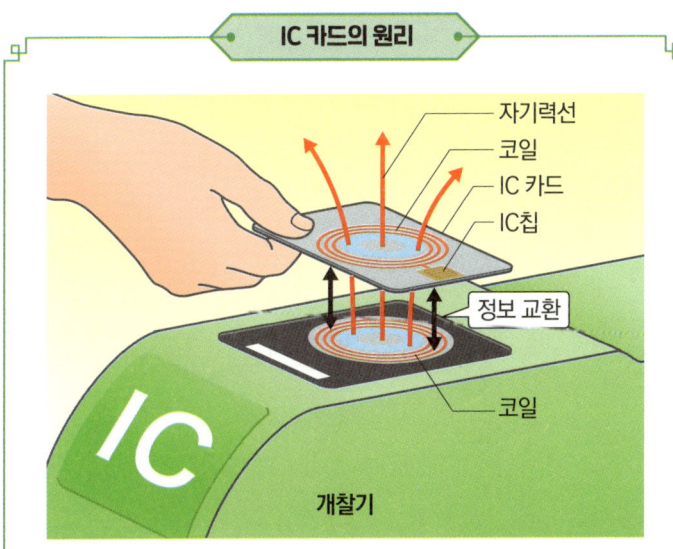

IC 카드의 원리

IC 카드를 개찰기에 가까이 대면 카드 내부의 코일을 관통하는 자기장이 변화하여 유도 전류가 발생한다. 이 전류는 매우 작지만 IC 카드의 내장된 간단한 전자 회로를 작동시키기에 충분하다. 개찰기는 IC 카드가 보내는 미약한 전파 신호를 읽어 들여 잔액, 정기권 구간, 유효기간 등의 정보를 확인한다.

현을 쓸 수 없다. 따라서 '루프에 교류 자기장을 발생시키면 전류가 흐르는' 현상을 유도 기전력 대신 유도 전기장으로 부르는 것이 더 정확하다. 교류 자기장으로 실제 생기는 것은 전기장이며, 전위차는 이 전기장 때문에 겉보기로만 나타나는 현상이기 때문이다.

전자기학과 열역학 사이

전자기파

유도 전류는 교류 자기장을 만들고, 교류 자기장은 유도 전류를 만든다. 하지만 실제로 전류를 흐르게 하는 것은 전기장이다. 따라서 전류가 변동하지 않더라도 전기장이 변동하는 것만으로도 교류 자기장이 생길 수 있다. 여기서 재미있는 현상이 일어난다. 유도 전류가 교류 자기장을 만들고, 교류 자기장이 다시 유도 전류를 만든다면 이 둘이 서로를 계속해서 만들어 낼 수 있지 않을까?

실제로 이 추론은 가능하며, 이것이 바로 전자기파의 본질이다. 과거에는 전자기파가 매질이 있어야만 전파될 수 있다고 생각했다. 그래서 우주는 '에테르'라는 보이지 않는 유체로 가득 차 있고, 전자기파는 그 안에서 전파되는 파동이라고 보았다. 지금은 이러한 견해가 잘못되었다는 것이 입증되었다.

전자기파는 매질 없이도 진공 상태의 공간에서 파동으로 전파될 수 있다. 빛도 전자기파이기 때문에 먼 우주에서 오는

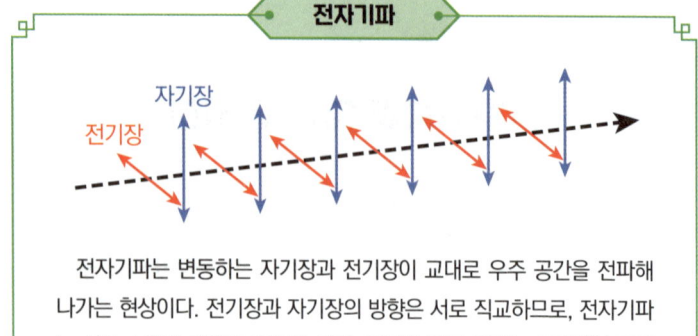

전자기파는 변동하는 자기장과 전기장이 교대로 우주 공간을 전파해 나가는 현상이다. 전기장과 자기장의 방향은 서로 직교하므로, 전자기파는 서로 수직인 횡파의 조합이 된다. 이러한 직교 관계는 모터에서 코일의 중앙을 관통하는 자기장의 방향과 코일을 흐르는 전기장의 방향이 서로 수직을 이루는 것을 떠올리면 쉽게 이해할 수 있다. 또한 여기서 전류는 전기장이 음전하에 작용하여 생기는 전하의 흐름이며, 전류의 방향은 전기장의 방향과 같다고 볼 수 있다.

별빛이 아무것도 없는 우주 공간을 거쳐 지구까지 도달할 수 있는 것이다.

전파와 빛은 언뜻 전혀 다른 현상으로 보이지만, 사실 빛은 고주파수의 전파에 해당한다. 그럼에도 우리가 빛을 전자기파와 동일하게 인식하지 못하는 데는 몇 가지 이유가 있다. 우선 현재의 공학 기술로는 빛(가시광선)에 해당하는 고주파수의 전자기파를 인위적으로 만들기가 어렵다. 또한 주파수가 높은 파동일수록 직진성이 강하다. **고주파인 빛은 곧게 나아가지만, 상대적으로 저주파인 라디오파는 건물 그림자와 같은 장애물을 우회하여**

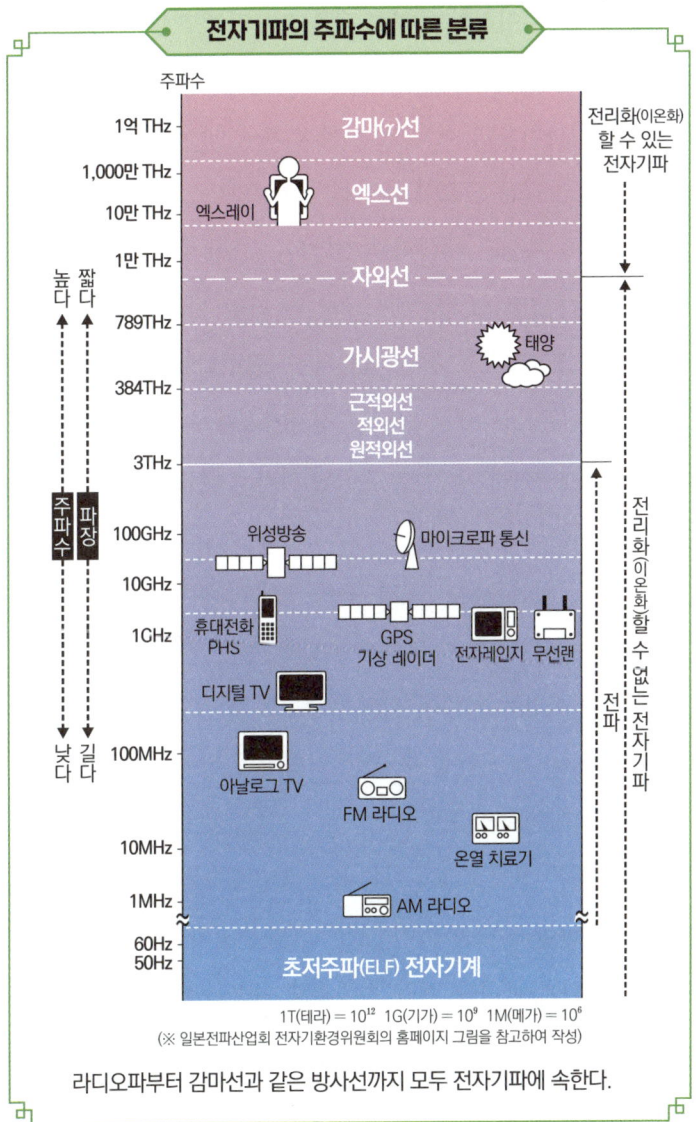

라디오파부터 감마선과 같은 방사선까지 모두 전자기파에 속한다.

도달할 수 있다. 이러한 차이점 때문에 우리는 전파와 빛을 다르게 인식한다.

전자기파의 파동적 측면은 '4장 파동'에서 다룰 예정이므로, 여기서는 다른 중요한 특징을 살펴보겠다. 먼저 전자기파의 가장 중요한 특징은 에너지를 전달하는 매개체라는 점이다. 열에 대해서는 '3장 열역학'에서 자세히 다룰 예정이지만 전자기파는 열을 효과적으로 전달한다. 예를 들어 난로 가까이에서 느끼는 따뜻함은 난로에서 방출된 전자기파가 손에 닿아 열을 발생시키기 때문이다. 이처럼 '복사열'이라고 불리는 현상의 본질은 전자기파다.

특히 적외선은 복사열의 주요 형태다. 적외선은 가시광선 중 빨간색보다 더 긴 파장(즉 더 낮은 주파수)을 가지며, 이 때문에 '적색 바깥'이라는 의미의 적외선이라고 불린다. 적외선은 매질 없이도 에너지를 전달할 수 있는 전자기파로, 물질의 온도 변화와 밀접한 관련이 있다.

적외선은 가시광선이 아니어서 육안으로는 보이지 않는다. 하지만 유한한 온도를 가진 모든 물체는 적외선을 발생시키며 인간도 예외가 아니다. 어둠 속에서도 인간이 보이는 적외선 카메라의 원리는 주변 기온보다 높은 온도의 인체가 더 많은 적외선을 방출하기 때문이다. 흥미롭게도 일부 동물들은 적외선을 감지하는 특별한 능력이 진화했다. 예를 들어 야행성 뱀들은 소형 포유류를 사냥하기 위해 눈과는 별도로 적외선을 '보는' 기관을 가지고 있다.

온도가 유한한 모든 것은 전자기파를 방출한다는 사실이 낯설 수 있지만, 이것이 바로 밤하늘의 별들이 서로 다른 색을 띠는 이유다. 태양은 노란빛을 띠지만 더 멀리 있는 별들이 하얗게 보이는 것은 그들의 온도가 더 높기 때문이다. 즉 이 먼 별들은 태양보다 훨씬 뜨거워서 엄청난 거리에도 불구하고 지구까지 도달할 만큼 강한 전자기파(빛)를 방출한다. 가스버너도 같은 원리로, 온도가 낮을 때는 불꽃이 붉지만 공기를 흡입하여 완전 연소하면서 온도가 높아지면 푸르스름해진다.

만약 인간이 적외선을 볼 수 있었다면 팬데믹 때 체온 측정은 필요 없었을 것이다. 말 그대로 '안색만 봐도' 열이 있는지 알 수 있었을 테니까 말이다.

전자기파의 에너지 전달을 활용한 또 다른 예시는 레이저 무기다. SF 영화와 애니메이션에 자주 등장하는 레이저 광선은 실제로 존재하며, 현재 무기로도 개발되고 있다. 전자기파(빛)가 큰 에너지를 전달할 수 있어서 무기로 개발이 가능하다.

테슬라도 이루지 못한 꿈을 이룰 수 있을까?

전자기파로 에너지를 전송하는 기술은 우주 공간에서의 태양광 발전에도 활용될 수 있다. 태양광 발전의 큰 문제점은 흐린 날과 밤에는 발전(發電)할 수 없다는 것인데, 우주 공간에서는 최소한 날씨 문제는 해결된다.

문제는 우주에서 발전한 전력을 어떻게 지상으로 송전할 것인가이다. 이론적으로는 전자기파로 변환하여 전송하고 지상의 수신 시설에서 받으면 케이블 없이도 송전이 가능하다. 이것도 전자기파가 에너지를 전달할 수 있기에 가능한 일이다.

교류 전력 시스템으로 명성을 떨쳤던 테슬라는 마이크로파나 레이저파 같은 전자기파로 무선 전력을 보급하려고 시도했다. 하지만 이 사업은 실패로 끝나며 테슬라의 명성도 빠르게 사라졌다.

천재 테슬라조차 이루지 못한 무선 전력 전송의 가장 큰 문제점은 '장애물에 취약하다'는 것이다. 이때 장애물은 벽과 같은 견고한 것뿐만 아니라 공기 중의 먼지도 해당된다. 전자기파가 먼지에 부딪히면 반사되어 직진하지 못하고 결국 송전 효율이 떨어진다.

또 다른 문제는 진공 상태에서조차 전자기파를 직선으로

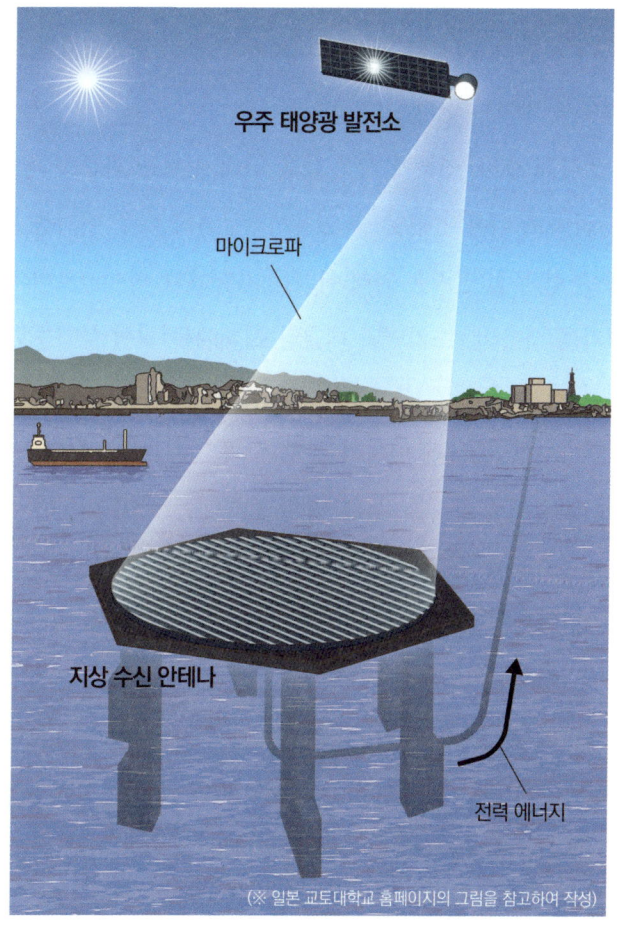

우주 공간에서 태양광 발전을 하여 전자기파(마이크로파)로 지상에 송전하는 원리다.

보내기가 어렵다는 점이다. 전자기파는 본질적으로 파동이기에 연못에 던진 조약돌이 만드는 물결처럼 모든 방향으로 균일하게 퍼져 나간다. 이렇게 되면 에너지가 그만큼 희석되므로 퍼지지 않도록 막아야 한다.

생각해 보자. 연못에 작은 돌을 던져 생기는 파문을 퍼지지 않고 곧바로 나아가게 할 수 있을까? 당연히 매우 어려울 것이다. 이처럼 무선 전력은 원래 어려운 기술이며, 마이크로파와 레이저파를 사용할 수 없었던 테슬라 시대에는 실현 불가능한 꿈이었다.

천재 테슬라조차 이루지 못했던 '전자기파를 이용한 에너지 전파 시스템'이지만, 현재 많은 가정에는 이미 빛나는 성공 사례가 있다. 바로 전자레인지다. 전자레인지는 전자기파의 에너지 운반 특성을 활용해 물체를 가열하는 장치다. 하지만 전자기파로 물체를 가열하는 것만으로는 난로에서 복사열로 물체를 데우는 방식과 크게 다르지 않다.

전자레인지와 복사열(일종의 전자기파)의 가열 방식은 다음과 같이 구분된다. 먼저 전자레인지는 직접 열을 가하지 않고 물질 내부의 물 분자에 전자기파를 쏘아 분자를 회전시키며 에너지를 전달한다. 물 분자가 전자기파로 인해 회전하는 이유는 물 분자가 전체적으로는 중성이지만 전하 분포에 편차가 있어 전

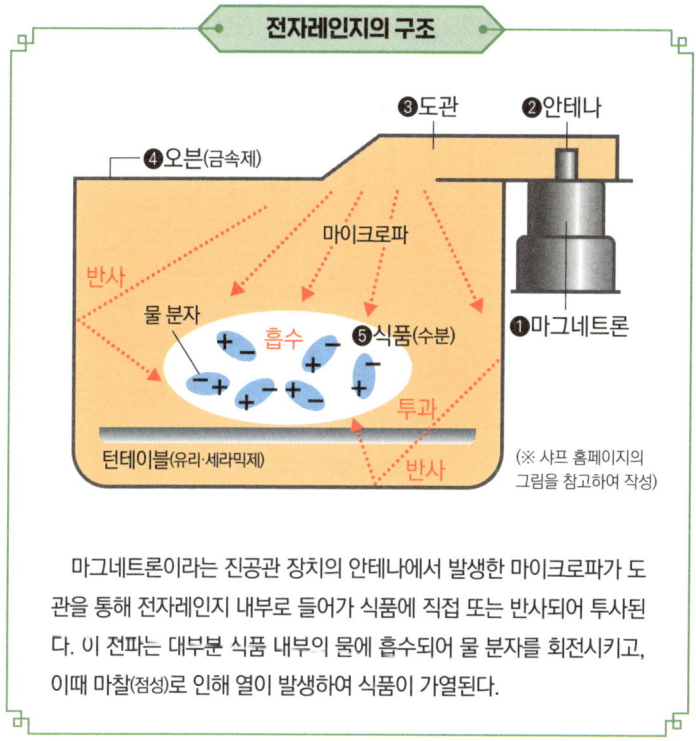

마그네트론이라는 진공관 장치의 안테나에서 발생한 마이크로파가 도관을 통해 전자레인지 내부로 들어가 식품에 직접 또는 반사되어 투사된다. 이 전파는 대부분 식품 내부의 물에 흡수되어 물 분자를 회전시키고, 이때 마찰(점성)로 인해 열이 발생하여 식품이 가열된다.

기장이 다가올 때 회전력이 발생하기 때문이다.

이 회전 운동은 그 자체로는 열이 아니다. 하지만 분자 간 마찰(더 정확히는 점성)로 인해 주변 분자들이 무작위적 운동을 일으키고, 이것이 열로 변환된다. 반면에 복사열은 전자기파가 직접 열로 전환된다는 점이 다르다. 결국 두 방식 모두 전자기파의 에너지 전달 특성을 활용한다.

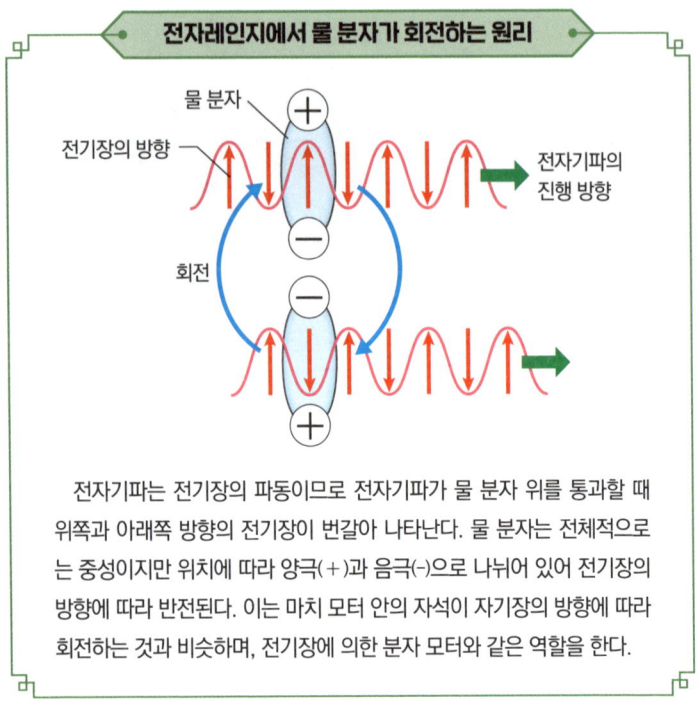

전자레인지에서 물 분자가 회전하는 원리

전자기파는 전기장의 파동이므로 전자기파가 물 분자 위를 통과할 때 위쪽과 아래쪽 방향의 전기장이 번갈아 나타난다. 물 분자는 전체적으로는 중성이지만 위치에 따라 양극(+)과 음극(-)으로 나뉘어 있어 전기장의 방향에 따라 반전된다. 이는 마치 모터 안의 자석이 자기장의 방향에 따라 회전하는 것과 비슷하며, 전기장에 의한 분자 모터와 같은 역할을 한다.

    전자기파가 에너지를 전달할 수 있다는 장점이 있음에도 전자레인지 외에는 왜 일상에서 잘 쓰이지 않을까? 가장 큰 이유는 에너지 손실이다. 전자기파는 주파수에 따라 에너지 손실 정도가 달라지는데, 공기 분자나 공기 중의 다른 물질로 인해 반사되거나 흡수되어 목적지에 도달하기 전에 감쇄된다. 전자레인지는 밀폐된 공간에서 짧은 거리로 에너지를 전달하기 때문에 에너지 손실이 큰 문제가 되지 않는다.

앞서 언급했듯이 전자기파는 공기 중을 진행하면서 감쇄된다. 신호 전달의 경우에는 수신 쪽에서 약해진 신호를 증폭할 수 있지만, 에너지 전달이 목적이라면 감쇄된 에너지를 복구할 수 없어 실용성이 떨어진다.

공기 중에서도 강력한 전자기파를 전달할 수 있지만 이 경우에는 전달 경로에 있는 사람이나 물건이 파괴될 위험이 있어 실용적이지 않다. 한편 전선을 통한 교류 전달은 강력한 전자기파를 안전하게 도선 안에 가두어 보내는 방식이다. 교류는 도선 안의 음전하(전자)가 왔다 갔다 할 뿐, 음전하 자체가 직접 전달되는 것은 아니기 때문이다.

열역학은 전자기학과는 다르게 이해하기 어렵다.
전자기학은 전기장을 실감할 수 없어서 어렵지만, 열역학은 열을
체감할 수 있음에도 열 자체에 실체가 없어서 더욱 어렵다.
따라서 이번 장에서는 구체적인 현상을 먼저 설명하고
열역학적 사고방식을 살펴본다. 가장 일상적인 열역학적 현상인
구름을 시작으로 압력을 다루는데, 압력 또한 우리가 느낄 수는 있지만
원리를 이해하기 어려워서 물을 예시로 들어 설명한다.
일반인이 열역학을 어려워하는 것은 당연하다.
저명한 물리학자들조차 오랫동안 실제로 존재하지 않는
'열소'라는 개념을 믿었을 정도로 복잡한 분야이기 때문이다.
그럼에도 과감하게 열역학의 가장 어려운 부분으로 알려진
'열역학 제2법칙'을 현대적인 관점에서 설명하여
그 본질을 이해하도록 돕고자 한다.

뜨거운 곳에서 차가운 곳으로 흐르는 열

3장

열역학

1

구름은 왜 생길까?

열역학적 관점의 구름 생성 과정

"구름은 왜 생길까?" 이 소박한 질문은 초·중학생을 위한 과학 도서에 거의 빠짐없이 등장한다. 구름은 대기 중의 수증기가 냉각되어 응결된 작은 물방울이나 얼음 입자들이 모여 공중에 떠 있는 존재다. 물방울이나 얼음 입자의 지름은 약 0.003~0.01mm로, 인간의 적혈구와 비슷한 크기다. 하지만 대량으로 모이면 태양 빛을 산란시켜 하얗게 보이는데, 이것이 바로 흰 구름의 정체다.

대기 중에 떠다니는 물방울이나 얼음 입자의 '원재료'는 대기 중의 수증기다. 수증기를 포함한 공기가 냉각되면 물이 되어 물방울이나 얼음 입자를 만든다. 차가운 맥주잔의 표면에 맺히는 물방울을 떠올리면 이해하기 쉽다. 다만 맥주잔에는 표면에 물방울이 맺히지만, 구름의 경우에는 눈에 보이지 않는 작은 먼지 덩어리가 물방울의 핵이 된다.

공기가 포함할 수 있는 수증기에는 한계가 있다(209쪽의 포화 수증기압 참고). 일반적으로 지표면 부근은 온도가 높아 많은 수증기를 포함하고 있다. 이러한 공기 덩어리가 태양광에 의해 데워진 지표면의 열로 상승하면서 냉각되면, 수증기가 응결하여 물방울이나 얼음 입자가 되어 구름을 형성한다.

구름의 생성 과정을 간단히 설명하면 이와 같지만, 실제로는 열역학적인 물리 현상으로 가득하다. 따라서 3장은 구름의 생성 과정을 열역학 관점에서 살펴보는 것으로 시작하겠다.

열역학 제2법칙

앞서 '이러한 공기 덩어리가 태양광에 의해 데워진 지표면의 열로 상승한다'라고 당연하게 설명했는데, 이는 우리가 사는 세계가 열역학의 기본 법칙을 따르기 때문에 가능한 현상이다. 만약 열역학 제1법칙이나 열역학 제2법칙이 적용되지 않는 세계가 있다면 남극이나 북극 같은 극지방에서 갑자기 작열하는 열기가 나타나는 등 기이한 현상이 일어날 수 있다.

먼저 열역학의 기본 법칙 중 하나인 '열역학 제2법칙'을 살펴보자.

열은 온도가 높은 쪽에서 낮은 쪽으로만 이동한다.
(반대 방향으로는 절대 일어나지 않는다!)

열역학의 기본 법칙이라고 하기에는 매우 당연해 보이지만 우리 세계에서 이 법칙이 항상 지켜진다는 점이 중요하다. 만약 열역학 제2법칙이 성립하지 않는다면 태양열로 40℃까지 데워진 지표면에 -5℃의 대기에서 열이 계속 이동하여 수천 도까지 오르는 초자연적인 현상이 일어날 수도 있다.

하지만 현실에서는 저온에서 고온으로의 열 이동은 절대 일어나지 않는다. 이러한 '역방향 변화'를 일으키려면 외부 에너지가 필요하다. 열역학 제2법칙이 성립하는 우리 세계에서는 데워진 대기에서 구름이 생기고 비가 내리는, 태고부터 이어져 온 자연 현상이 순조롭게 진행된다(열역학 제2법칙은 이후 다른 관점에서 다시 다루겠다).

샤를의 법칙

"압력이 일정하면 기체의 부피는 온도에 비례한다." 이것이 샤를의 법칙이다. 이는 '압력이 같을 때 모든 기체는 온도가 1℃

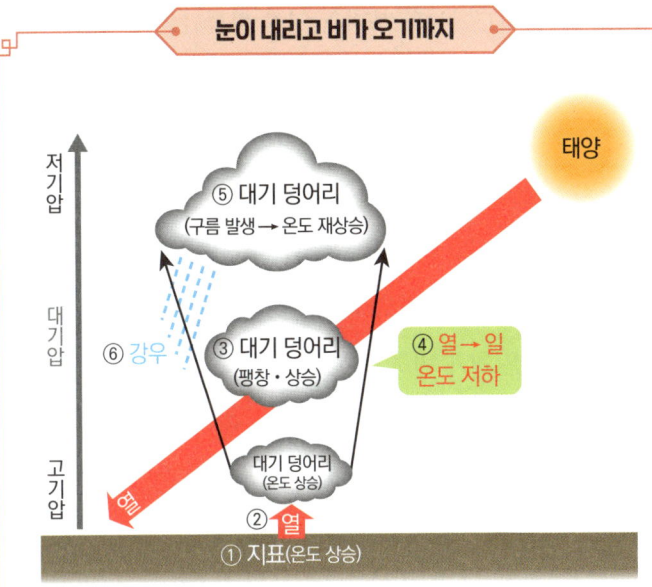

① 지표면이 태양열로 데워진다. (앞서 설명한 전자기파가 운반하는 에너지로 데워지는 예시다. 다만 투명한 대기 덩어리는 태양광을 받아도 그냥 통과하므로 데워지지 않고 온도가 낮다.)
② 데워진 지표면의 열이 바로 위의 대기 덩어리로 이동한다.
③ 대기 덩어리의 온도가 올라가면서 부피가 팽창하고 부력이 생겨 상승한다.
④ 상공의 기압이 낮아 대기 덩어리의 부피가 더욱 팽창하고 압력이 낮아지며 열도 손실된다.
⑤ 대기 덩어리의 온도가 내려가면서 물방울이나 얼음 입자가 생겨 구름이 형성된다.
⑥ 물방울과 얼음 입자가 커져서 더 이상 떠 있을 수 없게 되면 비나 눈이 되어 내린다.

상승할 때마다 0℃에서의 부피의 일정 비율만큼 증가한다'라는 기체의 기본 물리 법칙으로, 1787년에 프랑스의 과학자 자크 알렉상드르 세자르 샤를(Jacques Alexandre César Charles)이 발견했다.

이 법칙은 구름이 생성되는 과정에서 중요한 역할을 한다. 지표면 부근의 대기압은 대략 1기압으로 일정하게 유지된다. 따라서 지면에서 전달된 열로 대기 덩어리(공기 덩어리)의 온도가 상승해도 압력은 크게 변하지 않는다.

샤를의 법칙에 따라 온도가 상승한 대기는 팽창하게 된다. 이렇게 팽창한 대기 덩어리는 밀도가 낮아져 주변 공기보다 가벼워지고, 그 결과 빠르게 상승하기 시작한다.

상공은 기압이 낮기 때문에 대기 덩어리는 주변 대기와 같은 압력을 유지하기 위해 팽창해야 한다. 이 과정에서 대기 덩어리는 주변 대기를 밀어내며 팽창하고, 그 결과 열을 잃게 된다.

열역학 제1법칙

여기서 등장하는 것이 '열역학 제1법칙'이다.

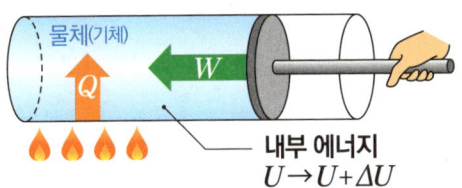

 식만 봐서는 이해하기 어려울 수도 있지만 열역학 제1법칙의 요점은 다음과 같다.

에너지 = 물체가 얻은 열 + 물체가 받은 일

 이 식은 열과 일이 서로 변환될 수 있으며, 그 과정에서 에너지가 보존된다는 것을 보여 준다.
 구름이 형성되는 과정을 살펴보면, 대기 덩어리가 상승할 때 외부로부터 열이 가해지지 않아 대기 덩어리가 하는 일(W)은 빼앗기는 열(Q)로 보상된다. 즉 팽창하는 과정에서 열이 손실되어 대기 덩어리의 온도가 낮아진다(가열되어 온도가 낮아지거나 냉각되어 온도가 올라가는 물질은 존재하지 않는다).
 대기 덩어리의 온도가 낮아지면 포화 수증기압도 낮아진

다. 이 경우 수증기가 대기 중의 먼지를 응결핵으로 삼아 물방울이나 얼음 알갱이로 변하면서 구름이 된다. 대기 덩어리가 계속 상승하면서 이 물방울이나 얼음 알갱이는 점점 커지고 무거워진다. 마침내 이 입자들이 너무 무거워져서 상승 기류가 더 이상 지탱할 수 없게 되면 구름에서 떨어져 나와 지상으로 낙하하기 시작한다.

이처럼 '구름이 생기고 비가 내리는' 단순해 보이는 과정에도 여러 물리 법칙이 복잡하게 얽혀 있다.

안개는 왜 생길까?

구름이 생기는 과정을 이해했다면 이제 안개가 생기는 원리를 살펴보자. 기상학적으로 구름과 안개는 같은 것으로 간주된다. 발생 장소만 다르다고 보고, 지표면 근처에 떠 있는 것을 안개, 하늘 높은 곳에 떠 있는 것을 구름이라고 부른다.

그런데 둘의 발생 과정은 다르다. 안개는 지상에서 발생하므로 상승 기류로 생길 수 없다. 안개 아래에는 지면이 있어서 지하에 거대한 공간이 없는 한 대기 덩어리가 상승할 수 없기 때문이다. 즉 안개는 구름처럼 공기가 상승하여 냉각되면서 생기는 것이 아니라, 다른 요인으로 공기 온도가 내려가 발생하는 경우가 많다.

이러한 요인은 새벽의 복사 냉각일 수도 있고, 단순히 차가운 공기가 유입되어 온도가 내려가는 경우일 수도 있다. 이 경우에는 열역학적 과정보다 대기 중 수증기량을 결정짓는 포화 수증기압이 주요 역할을 한다.

개인적으로는 이런 원인으로 생성된 구름도 모두 안개라고 부르는 것이 더 이해하기 쉬울 것 같다. 상승 기류 없이 상공에서 안개처럼 온도가 내려가기만 해도 구름이 발생할 수 있기 때문이다.

참고로 상승 기류로 생기는 구름은 일반적으로 적운, 그렇지 않은 것은 층운이라고 구분한다. 그러나 실제 구름의 분류는 이보다 더 복잡해서 층운과 적운을 포함해 크게 10가지에 이르는 분류 체계가 존재한다.

지금까지의 단순한 설명에서 빠진 요소는 대기 중 수증기의 효과다. 대기 중 수증기가 액화되어 구름이 생긴다는 것은 이미 설명했다고 생각할 수도 있다. 물론 그렇지만 지금까지는 수증기가 대기 온도의 변화에 따라 증발하거나 응결하는 수동적인 존재로만 설명했다.

실제로 대기 중 수증기는 적극적으로 대기에 영향을 미치

구름의 종류

는 중요한 요소다. 이러한 수증기의 능동적 역할은 주로 '잠열'을 통해 나타난다. 잠열은 기화열이나 응고열과 같이 물질이 고체, 액체, 기체 상태로 변할 때 흡수하거나 방출하는 열에너지를 말한다.

구름 형성 과정을 보면 대기 온도가 내려가 수증기가 응결되어 구름이 생기지만, 이 과정에서 수증기가 방출하는 잠열은 주변 대기의 온도에 다시 영향을 준다. 즉 수증기와 대기는 서로 영향을 주고받는 관계다.

대기가 상승하여 팽창하고 온도가 내려가 수증기가 액화되는 과정을 '단열 팽창'이라고 한다. 이는 외부와 열의 출입이 없는 상태에서 물체의 부피가 커지는 현상이다. 또한 대기 중 수증기가 물방울로 변하는 상태 변화를 '액화'라고 하며, 이때 '액화열'이 방출된다(액화열은 같은 양의 액체를 기화하는 데 필요한 기화열과 같다).

액화열로 인해 대기가 따뜻해지면서 습한 공기는 건조한 공기보다 온도가 잘 떨어지지 않는다. 이런 특성 때문에 상공에 올라가도 따뜻한 상태를 유지하므로 상승 기류가 지속되고 구름 형성 과정이 오래 이어진다. 즉 대기의 습도에 따라 구름이 생기는 정도가 달라진다.

적운 중에서도 가장 유명하고 거대한 적란운은 여름, 특히 한여름에 자주 발생한다. 높은 기온뿐 아니라 높은 습도가 크게 작용하기 때문이다. 한여름에는 습한 대기와 강렬한 태양광으로 지면이 쉽게 가열되면서 강력한 상승 기류가 형성되어 거대한 적란운이 생긴다.

일기예보에서 기상예보관들이 '습한 대기가 유입되어 태풍이 발달했다'고 말하는 이유를 정확히 아는 사람은 많지 않을 것이다. '습한 공기는 비를 부른다'고 단순하게 이해하지만 실제로는 복잡한 원리가 작용한다. 습한 공기는 상승할 때 온도가 잘 떨어지지 않아 대류 활동이 지속되면서 강력한 구름을 만든다. 열역학 지식이 약간이라도 있으면 이런 원리를 이해할 수 있다.

권운은 대기의 가장 높은 곳에서 형성되며 상승 기류에 의존한다. 그리고 물방울이 아닌 얼음 입자로 이루어져 있어 적란운보다 수명이 길다. 대기 상층부의 낮은 온도가 얼음 형성에 적합한 환경을 제공해서 권운은 얼음덩어리로 이루어진 구름으로 존재할 수 있다.

물이 존재할 수 없는 저온 환경에서도 승화 현상을 통해 얼음이 직접 수증기로 변할 수 있다. 그러나 얼음의 포화 수증기압은 물보다 훨씬 낮아서 얼음 입자로 구성된 구름은 물 입자로 구성된 구름보다 더 낮은 습도에 형성될 수 있어 안정적이다.

이와 같이 구름 형성 과정을 정확히 이해하려면 단순한 열역학 법칙을 넘어 잠열과 같은 고급 열역학 개념을 알고 있어야 한다. 구름 형성 과정은 열역학 원리를 적용하기에 매우 적합한 자연 현상이다. 다만 현재의 열역학 이론으로는 대류와 같은 동적 현상을 완벽히 설명하지 못하기 때문에 구름 형성 과정은 아직 완전히 규명되지 않았다.

포화 수증기압이란 무엇일까?

앞서 간단히 설명한 포화 수증기압에 대해 여기서 보충 설명을 하겠다. 물은 가열하면 수증기가 되어 증발하지만, 가열하지 않아도 대기 중에는 일정량의 수증기가 포함되어 있다. 이 상태에서 물은 대기 중 수증기량의 상한선에 도달할 때까지 자연스럽게 증발을 계속하는데, 이 상한선을 포화 수증기압이라고 한다.

포화 수증기압은 온도가 내려가면 감소한다. 대기의 온도를 낮추면 포함될 수 있는 수증기량의 상한선이 내려가면서 녹아 있던 수증기가 과잉 상태가 되어 물방울로 응결한다. 겨울 아침에 창문 안쪽이 이슬로 흠뻑 젖어 있는 현상(결로)은 실내의 따뜻한 공기 속 수증기가 차가운 창문에 닿아 온도가 떨어지면서 물로 변해 창문에 맺히는 것이다.

그렇다면 왜 대기 중 물의 양의 단위를 '압력'으로 표현할까? 그 이유는 전체 대기압에서 대기 중에 용해된 수증기의 비율이 수증기의 압력으로 결정되기 때문이다.

이해를 돕기 위해 예를 들어 보겠다. 같은 부피의 두 용기에 온도와 압력이 같은 두 종류의 기체가 각각 들어 있다고 가정해 보자. 만약 한쪽 기체를 다른 쪽 용기에 밀어 넣으면 압력은 2배가 된다. 이때 2배가 된 압력의 절반은 첫 번째 기체가, 나머지 절반은 두 번째 기체가 기여한 것이다. 다시 말해 두 종류의 기체가 같은 양으로 혼합되어 있다면 전체 압력의 절반씩을 각 기체가 차지한다. 이러한 원리는 기체의 비율이 다른 경우에도 똑같이 적용된다.

예를 들어 같은 온도와 압력에서 두 종류의 기체가 1 대 2 비율로 혼합되어 있다면 전체 압력의 3분의 1은 첫 번째 기체가, 나머지 3분의 2는 두 번째 기체가 기여한 것이다. 이러한 이유로 기체 혼합물의 조성은 일반적으로 압력비로 나타낸다.

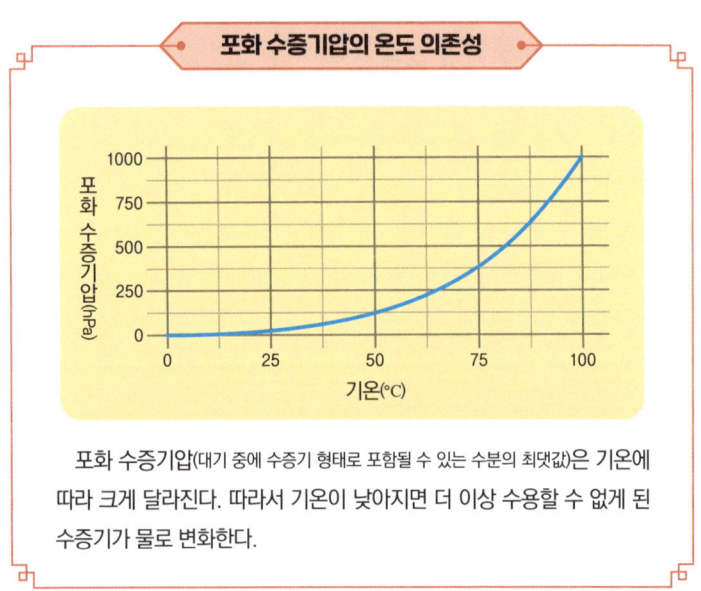

포화 수증기압(대기 중에 수증기 형태로 포함될 수 있는 수분의 최댓값)은 기온에 따라 크게 달라진다. 따라서 기온이 낮아지면 더 이상 수용할 수 없게 된 수증기가 물로 변화한다.

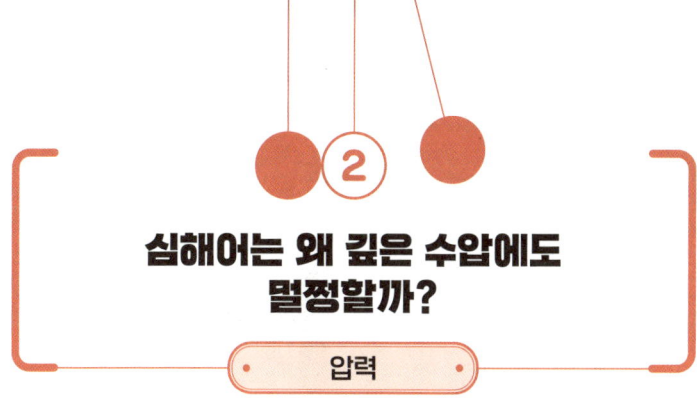

심해어는 왜 깊은 수압에도 멀쩡할까?

압력

압력은 고등학교 물리 교과서에서는 주로 역학 부분에서 다루는 물리량이지만 실제로는 '단위 면적당 힘'이라는 더 넓은 의미를 가진다. 역학에서 자주 등장하는 힘의 개념을 확장해 보면, 어떤 힘이 작용할 때 그 힘을 작용 면적으로 나누면 압력을 구할 수 있다. 이러한 이유로 압력은 일상생활의 다양한 상황에서 적용될 수 있는 보편적인 개념처럼 여겨진다.

그러나 열역학에서 다루는 기체의 압력은 역학의 힘과는 매우 다른 개념이다. 열역학에서는 종종 '일정한 압력에서 부피가 증가하는 이상 기체'와 같은 특수한 상황을 다룬다. 이때 기체가 외부에 수행하는 일은 '일 = 압력 × 부피 증가분'이라는 공식으로 계산된다.

일의 계산에서는 주로 부피 증가와 관련된 벽, 예를 들어 피스톤에 가해지는 압력을 고려한다. 하지만 이는 움직이지 않는 벽에는 압력이 가해지지 않는다는 뜻이 아니다. 실제로 기체가

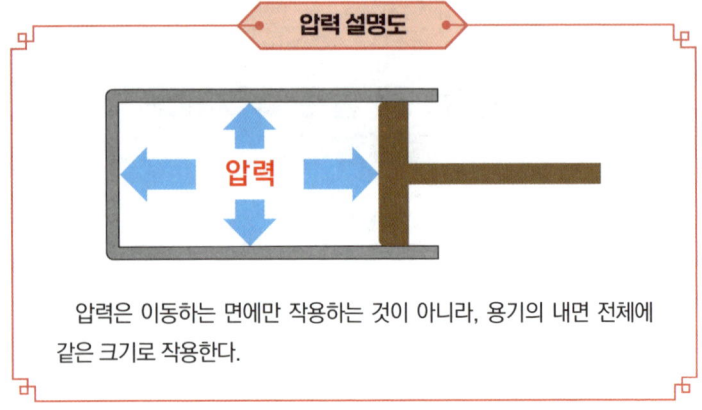

압력은 이동하는 면에만 작용하는 것이 아니라, 용기의 내면 전체에 같은 크기로 작용한다.

들어 있는 용기의 내벽에는 움직임과 관계없이 같은 압력이 작용한다.

이는 역학의 힘과 비슷하지만 다르다. 힘에는 크기와 방향이 있어야 하지만, 압력은 각각의 내벽에 수직으로 작용하므로 하나의 정해진 방향이 없는 것처럼 보인다.

여기서 '벽에 수직인 방향이니까 방향이 있는 것 아닌가?'라고 생각할 수도 있다. 만약 벽이 없는 용기의 중앙에서는 압력이 어느 방향을 향할까? 기체 내부에도 압력은 분명히 존재하지만 벽이 없어 방향이 정해지지 않는다. 그렇다면 기체의 압력은 벽과 같은 대상이 없으면 발생하지 않는 '환상의 힘' 같은 것일까?

그럴 리가 없다. 압력은 용기의 중앙에서도 분명히 존재하며 그 방향은 '모든 방향'이다. 기체 내 특정 영역의 표면에 작용하는 모든 압력을 합하면, 이는 해당 기체 질량에 작용하는 중력과 정확히 균형을 이룬다. 당연한 일이다. 이런 균형이 없다면 기체는 안정적으로 존재할 수 없을 것이다.

오히려 압력은 기체에 가해지는 중력 등의 외부 힘을 상쇄하도록 자연스럽게 결정된다. 이는 책상 위에 놓인 물체가 중력으로 인해 떨어지지 않는 현상과 비슷하다. 물체에 작용하는 중력과 책상이 제공하는 반대 방향의 힘이 상쇄되어 균형을 이루

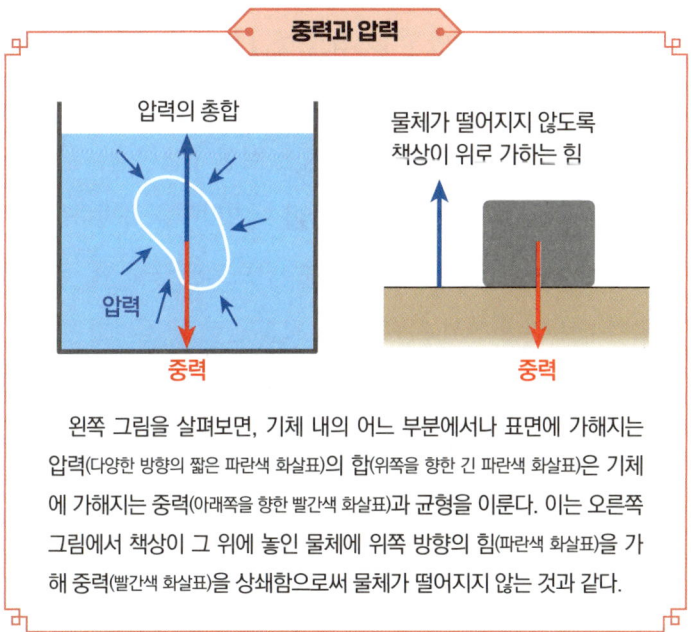

왼쪽 그림을 살펴보면, 기체 내의 어느 부분에서나 표면에 가해지는 압력(다양한 방향의 짧은 파란색 화살표)의 합(위쪽을 향한 긴 파란색 화살표)은 기체에 가해지는 중력(아래쪽을 향한 빨간색 화살표)과 균형을 이룬다. 이는 오른쪽 그림에서 책상이 그 위에 놓인 물체에 위쪽 방향의 힘(파란색 화살표)을 가해 중력(빨간색 화살표)을 상쇄함으로써 물체가 떨어지지 않는 것과 같다.

는 것이다. 책상이 물체에 가하는 위쪽 방향의 힘은 물체의 중력에 따라 결정되듯이, 기체의 각 부분에 발생하는 압력도 기체에 작용하는 중력 등의 외부 힘으로 결정된다.

수심이 깊을수록 수압이 증가하는 이유

지표면 근처에 사는 우리는 평소에 대기압을 거의 의식하지 않는다. 하지만 수압은 다르다.

수심 10m마다 수압은 1기압씩 증가한다. 수심 100m의 바닷속에서는 원래의 대기압 1기압을 포함해 지상의 11배에 달하는 수압이 가해진다. 그 때문에 숨을 쉬면서 들이마신 질소가 혈액이나 체내 조직에 쉽게 녹아들어 어지러움을 유발하는 '질소 마취'에 빠지기 쉽다. 게다가 해수면으로 상승할 때 급격한 수압 감소로 인해 신체 저림, 통증, 호흡 곤란 등 심각한 증상을 동반하는 잠수병에 걸릴 위험도 있다.

수심이 깊어질수록 수압은 놀라운 속도로 증가한다. 대기압을 제외해도 수심 200m에서는 20기압, 300m에서는 30기압의 엄청난 압력이 작용한다.

이런 극한 환경에서도 인간의 한계에 도전하는 대단한 잠

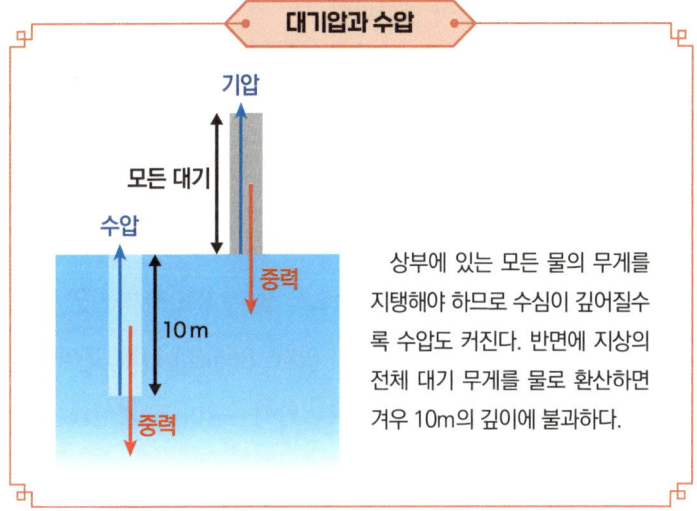

상부에 있는 모든 물의 무게를 지탱해야 하므로 수심이 깊어질수록 수압도 커진다. 반면에 지상의 전체 대기 무게를 물로 환산하면 겨우 10m의 깊이에 불과하다.

수부들이 있다. 이집트 군 특수부대 출신의 어느 잠수부는 수심 332.35m까지 잠수했다고 한다(2014년 당시 세계 기록). 단 12분 만에 최심부에 도달했고, 잠수병을 예방하기 위해 여러 종류의 가스가 담긴 60개 이상의 산소통을 사용하여 약 15시간에 걸쳐 수면으로 돌아왔다고 알려져 있다.

왜 수심이 깊어질수록 수압이 이렇게 커지는 것일까? 깊은 곳에서는 그 위에 있는 모든 물의 무게가 작용하기 때문이다. 이 무게에 대항할 만한 수압이 없다면 물은 움직이게 된다. 하지만 해저와 컵에 담긴 물에는 바닥이 있어서 아래로 움직일 수 없다. 결과적으로 물속에 있는 것들에는 위에 있는 엄청난 물의 무게에 대항하는 수압이 발생한다.

여기서 수심 10m마다 수압이 1기압씩 올라가는 것은 물 10m 높이의 무게와 지구 전체 대기의 무게가 같기 때문이다. 그만큼 기체와 액체의 밀도 차이가 크다.

지표면에서의 대기 밀도는 액체 상태인 물의 약 1,000분의 1에 불과하다. 대기권 중 가장 밀도가 높고 지표에 가까운 대류권은 고도 약 10km까지로 알려져 있다. 10km의 1,000분의 1은 10m이므로, 이는 수심 10m마다 1기압씩 수압이 증가한다는 계산과 대략 일치한다.

수압과의 사투

인류는 수압이라는 존재와 계속 싸워 왔다. 우주로 가는 것이 훨씬 어려워 보일 수 있지만 우주 공간과 지표의 압력 차이는 단 1기압에 불과하다.

우주로 가는 여정 자체는 심해 잠수보다 힘들지만 일단 우주 공간에 도달하고 나면 압력은 더 이상 주요 문제가 되지 않는다(물론 무중력 환경에서 생존하려면 다른 생리학적 과제들을 극복해야 한다).

압력 관점에서 볼 때, 심해는 우주보다 훨씬 가혹한 환경이다. 수백 미터 깊이로 잠수하면 수압은 수십 기압에 이른다. 지상의 수십 배에 달하는 압력이 인체에 가해지니 우리 몸이 비명을 지르는 것은 당연하다.

이를 극복하기 위해 인류가 개발한 것이 잠수복이다. 잠수복의 초기 형태는 헬멧과 방수복이 일체화된 구조로, 지상에서 펌프를 통해 공기를 공급받았다. 하지만 이 방식으로는 수압이 직접 몸에 전달되어 깊이 잠수할 수 없었다.

이러한 한계를 극복한 발명품이 바로 잠수구다. 잠수구는 기존 잠수 장비의 헬멧 부분을 확장한 구형의 운송 수단으로, 부드러운 잠수복과 달리 견고한 강철 외벽으로 제작되었다. 이 구조는 수압을 효과적으로 견딜 수 있어 내부의 인간을 고압 환경으로부터 보호한다.

잠수구에서는 수압이 구체의 벽을 따라 압력으로 상쇄되어서 구체 내부의 압력은 외부 수압과 같아지지 않는다. 덕분에 인간의 안전을 유지하면서도 심해로 잠수할 수 있게 되었다. 잠수구로 인해 1930년 당시에는 245m 깊이까지 잠수할 수 있었고, 불과 4년 후에는 923m라는 경이로운 깊이까지 잠수에 성공했다. 이때 사용한 잠수구는 두께 2.54cm의 강철로 만들어졌다.

이 기록은 30년 후 바티스카프(bathyscaphe)라는 잠수정(와이

(출처: Myrabella, Own work, 2 November 2012)

1882년에 개발된 인간형 잠수복

어로 매달리지 않고 자유롭게 이동할 수 있는 잠수구)으로 인해 10,916m 까지 갱신되었다. 현재까지 알려진 더 깊은 바다가 없으므로, 인류는 이미 지구에서 가장 깊은 바다에 도달했다고 볼 수 있다. 심해 탐사의 가장 두드러진 성과는 태양광이 도달하지 않는 심해에도 다양한 생명체가 서식한다는 사실을 발견한 것이다.

이렇게 깊은 바다의 생물들이 어떻게 고압에 견디며 찌그

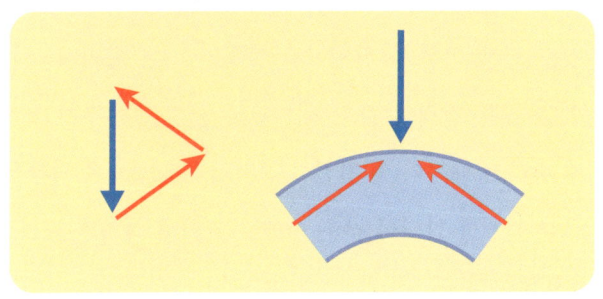

잠수구의 구체가 압력을 견디는 구조

구체의 일부에 가해진 수압(파란색 화살표)은 벽을 따라 분산되어 작용하는 힘(빨간색 화살표)으로 상쇄되어 매우 큰 힘을 견딜 수 있다(아치 효과). 즉 수압을 가장 잘 견딜 수 있는 구조다. 아치 효과는 일상생활 속 다양한 곳에서 볼 수 있다. 대표적으로 아치형 다리는 하중을 견디기 위해 기둥이 둥글게 아치를 이룬다. 달걀이 둥근 것도 달걀 껍데기가 돔 형태가 되어 압력을 견디기 쉽다는 자연의 섭리를 보여 준다. 일반적인 달걀은 세로 방향의 압력에 한정하면 1개당 약 7kg의 하중을 견딜 수 있다.

러지지 않고 살아가는지 의문이 들 수 있다. 심해 생물의 체내 조직은 기름과 물로 가득 차 있고 기체가 거의 들어 있지 않다. 또한 체액의 압력이 주변 해수의 압력과 동일하게 유지되어 내부와 외부의 압력이 균형을 이룬다. 이러한 구조 덕분에 심해 생물들은 높은 수압 환경에서도 해수와 같은 압력으로 대응하여 몸이 찌그러지지 않는다. 따라서 바티스카프나 잠수구처럼 외부 압력에 견딜 필요 없이 자연스럽게 심해 환경에 적응하며 생존할 수 있었다.

참고로 일반 수족관의 보통 수조에서 심해어를 사육할 수 있는 것도 같은 이유다. 심해어를 갑자기 낚아 올리면 죽는 이유는 체내 높은 압력의 물이 대기압과 균형을 이루지 못해 몸이 터져 버리기 때문이다. 천천히 점진적으로 압력을 낮추고, 체내의 고압 액체를 압력이 낮은 액체로 교환해 나가면 그런 일은 일어나지 않는다.

인간이든 심해어든 각자의 제한된 서식 영역에서 살아가기 때문에 일상에서 체내외 압력 균형을 의식하는 일은 드물다. 하지만 열역학적 '압력'의 급격한 변동은 생물의 생사와 직결된다. 심해는 우리가 평소에 간과하기 쉬운 중요한 사실을 일깨워 주는 귀중한 공간이다. 2023년 6월에도 타이타닉호의 잔해를 견학하기 위한 관광 잠수정이 탑승자들과 함께 심해에서 압착되는 안타까운 사고가 일어났다. 지금도 심해에 도달하기는 쉽지 않다. 인류에게 있어 심해는 가깝고도 먼 곳이며, 당분간 이 사실은 변하지 않을 것이다.

옛 과학자들이 열소설을 믿었던 이유

열역학 제1법칙

'1장 역학'에서 소개한 에너지 보존 법칙을 기억하고 있는가? 위치 에너지와 운동 에너지가 서로 변환되면서 그 총합이 보존된다는 개념이었다. 여기에 열에너지와 역학적 에너지를 포함한 에너지 보존 법칙이 바로 열역학 제1법칙이다.

열역학 제1법칙

기체의 내부 에너지 = 일 + 열

이 법칙이 확립되기까지는 오랜 시간이 걸렸다. 열소설(熱素說) 또는 칼로릭설이라는 강력한 경쟁 이론이 인식을 가로막고 있었기 때문이다. 이 가설은 열을 열소(칼로릭)라는 물질로 보고, 이를 일종의 보존량으로 여겼다. 지금 보면 황당하게 들리지만, 19세기 중반까지는 전혀 그렇지 않았다. 오히려 당대 최고의 과학자들이 앞다투어 지지했던 유력한 가설이다.

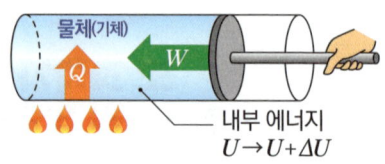

열역학 제1법칙
$\Delta U = Q + W$
ΔU [J] 내부 에너지의 변화
Q [J] 물체에 가해진 열량
W [J] 물체가 받은 일

열소설에서는 기체가 팽창할 때 온도가 낮아지는 현상을 열소의 농도가 희석되기 때문이라고 보았다. 반면 열역학 제1법칙에서는 기체가 팽창하면서 외부에 일을 하므로, 그만큼 에너지가 손실되어 온도가 낮아진다고 설명한다. 후자가 옳다는 것을 아는 우리로서는 열소라는 개념이 터무니없는 가설로 여겨질 수 있다. 하지만 열과 일이 동등하다는 증거가 없던 상황에서는 오히려 후자의 설명이 더 터무니없게 느껴졌을 것이다.

카르노 순환과 열소설

유명한 카르노 순환 이론도 1824년 열소설을 기반으로 만들어졌다. 프랑스의 물리학자 사디 카르노(Sadi Carnot)가 고안한 이 이론은 열기관의 열효율을 최대화하는 이상적인 순환 과정을 설명한다.

카르노 순환은 증기와 같은 작동 유체(터빈 등의 기계 장치에서 작동을 돕는 유체)가 고온과 저온 사이에서 순환하는 과정을 '등온 팽창-단열 팽창-등온 압축-단열 압축'이라는 4단계로 설명한다. 이 사고 실험은 서로 다른 온도의 두 열원 사이에서 작동하는 가역적 열역학 순환을 보여 주며, 이후 열역학 제2법칙과 엔트로피 등 중요한 개념의 발견으로 이어졌다(엔트로피는 중요하지만 설명이 복잡하여 여기서는 넘어가겠다).

그런데 카르노는 이 가설을 당시 통용되던 열소설로 설명했다. 열소는 마치 물처럼 고온 열원에서 저온 열원으로 흐르며, 그 '기세'가 물레방아를 돌리듯 일을 한다고 보았다. 따라서 열소의 양, 즉 열의 양이 보존된다고 생각했다. 고온 열원의 열과 저온 열원으로 전달되는 열의 차이가 일이 된다는 열역학 제1법칙과는 전혀 다른 해석이었다.

당시 역학은 이미 완성된 상태였기 때문에 '높은 곳에서 물체가 떨어지며 일을 하는 것처럼 열소가 높은 곳(고온)에서 낮은 곳(저온)으로 떨어질 때 일을 한다'고 생각하는 것이 당시로서는 더 받아들이기 쉬웠던 것으로 보인다.

'열은 일과 동등하게 교환될 수 있다'는 것은 현대 과학의 기본 개념이다. 하지만 1장(13쪽)의 전기 회로에서 논의했듯이, 질량과 에너지가 교환 가능하다는 사실은 옳지만 여전히 받아

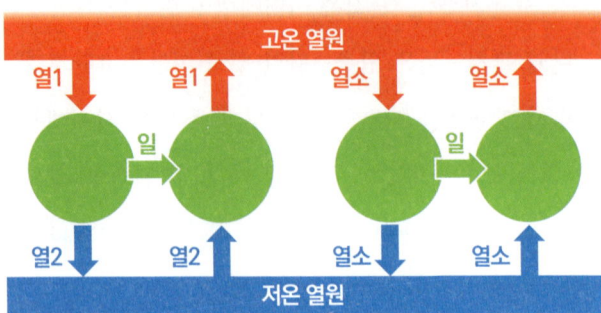

고온 열원에서 저온 열원으로의 열 이동과 일의 관계

현재 받아들이는 이해(그림 왼쪽): 고온 열원에서 받은 열1과 저온 열원에 방출하는 열2의 차이(열1-열2)가 일이 된다. 반대로 같은 일을 가하면 저온 열원에서 열2를 받고, 여기에 일의 양을 더한 열1(열2＋일)을 고온 열원에 되돌려 원래 상태로 돌아간다.

열소설에 따른 이해(그림 오른쪽): 높은 곳에서 낮은 곳으로 물체가 떨어질 때 일을 하는 것(예를 들어 물레방아)처럼 고온 열원에서 저온 열원으로 열이 '떨어질 때' 일을 한다. 반대로 일을 통해 열소를 저온 열원에서 고온 열원으로 '퍼 올림으로써' 원래 상태로 돌아간다.

뒤에 설명할 '줄의 실험'은 열소를 퍼내는 열원 없이도 일만으로 열을 만들 수 있음을 보여 줌으로써, 일이 열의 이동이 아니라 열 그 자체의 양임을 증명하려 했다.

들이기 어려울 수 있다. 마찬가지로 19세기 과학자들에게는 겉보기에 전혀 다른 열과 일이 동등하게 교환될 수 있다는 생각이 지나치게 혁신적이었다.

18세기 말 영국과 독일에서 활동한 미국 출신의 물리학자

이자 정치가인 벤저민 톰프슨 럼퍼드(Benjamin Thompson Rumford)는 '일만으로도 열을 만들 수 있다'는 혁신적인 개념을 제시했다. 그의 아이디어는 19세기에 이르러 제임스 프레스콧 줄(James Prescott Joule)이 더 정밀한 실험으로 검증했다. 뒤에서 자세히 살펴보겠지만 줄의 실험은 외부에서 가하는 일의 양과 발생하는 열의 양 사이의 정량적 관계를 확립했다. 이로써 열과 일의 등가성이 실험적으로 입증되었고, 결과적으로 열소설은 과학적 타당성을 잃었다.

카르노의 열역학 연구는 과학사의 흥미로운 사례다. 열의 본질을 정확히 이해하지 못했음에도 그의 업적은 나중에 열역학 제2법칙과 엔트로피 개념의 발견으로 이어졌다. 물리학 역사에는 이처럼 잘못 이해했으나 결과적으로 (우연히) 옳은 주장을 한 예가 많다. 하지만 원래 아이디어를 제시한 사람의 해석이 틀렸다고 해서 후대에 올바르게 해석한 사람에게 공을 돌리지는 않는다. 예를 들어 아인슈타인의 특수 상대성 이론에서 쓰이는 공간과 시간의 변환식은 로런츠의 이름을 따라 '로런츠 변환'이라고 부른다.

다시 말해 이 변환식의 '의미'를 올바르게 해석한 것은 아인슈타인이지만, 식을 처음 도출한 사람은 로런츠이며 이미 그의 이름을 따서 명명했으므로 '로런츠가 발견했지만 올바르게 해석한 사람은 아인슈타인이니 오늘부터 아인슈타인 변환이라고 부르자'라고 하지 않는다. 이와 같이 해석이 다소 미흡하더라도 현실을 올바르게 기술하는 규칙을 찾아낸 것이라면, 그 법칙을 발견한 공로는 인정되어 후대까지 전해진다.

열역학 제1법칙 발견에 공헌한 재야의 연구자

열역학 제1법칙의 확립에 기여한 제임스 프레스콧 줄은 학계 소속이 아닌 독학 연구자였다. 그는 평생 대학 연구직에 종사하지 않고 가업인 양조업을 운영하면서도 열역학 분야에서 획기적인 발견을 했다. 그의 이름을 딴 에너지 단위 '줄(Joule)'은 이러한 공로를 기린 것이다.

줄은 볼타 전지를 이용한 전동기(모터) 실험을 최초로 수행하며 전자석의 인력이 전류의 제곱에 비례한다는 사실을 발견했다. 그는 이를 통해 증기 기관을 능가하는 동력 기관 개발을 시도했으나 실패했고, 대신 단위 시간당 발생하는 발열량이 전류 제곱에 비례한다는 '줄의 법칙'을 정립했다. 식으로는 이렇게 표현할 수 있다.

$$\text{단위 시간}(t)\text{당 발열량}(\frac{Q}{t}) = \text{전기 저항}(R) \times \text{전류}^2(I^2)$$

 발열량을 직접 측정할 수는 없으므로 줄이 실제로 측정한 것은 전류가 흐르는 도선을 물에 담갔을 때 발생하는 물의 온도 상승이었다. 그는 온도 상승의 정도로 발생한 열의 양을 측정했다. 여기서 앞서 언급한 옴의 법칙을 다시 한번 떠올려 보자.

$$\text{전압}(V) = \text{전기 저항}(R) \times \text{전류}(I)$$

 이때 줄의 법칙의 우변을 $R \times I$와 I의 곱으로 보고, $R \times I$를 옴의 법칙 식으로 V로 대체하면 다음과 같다. 이 식은 '전력이 모두 열로 변환된다'는 전열기의 원리이기도 하다.

$$\text{단위 시간}(t)\text{당 발열량}(\frac{Q}{t}) = \text{전류}(I) \times \text{전압}(V) = \text{전력}(W)$$

 하지만 당시에는 일과 열의 등가성이 아직 알려지지 않아서 줄은 이 실험만으로는 열역학 제1법칙에 도달하지 못했다. 이에 줄은 전지를 사용하지 않고 직접 열을 발생시키기 위해 코일 내부에서 자석을 추의 힘으로 회전시키는 실험을 수행했다.

 실험에서 전지를 제외한 이유는, 전지가 있으면 '열소가 전지에서 공급되어 도선을 통해 물속으로 흘러 들어가 물의 온도를 상승시켰다'고 해석될 수 있어서다. 그러면 실험이 열소설을 부정하려는 시도임에도 반박의 여지를 남길 수 있었다.

반면 코일 내부에서 자석을 회전시키는 방식은 전자기학의 발전 원리로, 이 과정에는 열소가 개입할 여지가 없다. 따라서 이 방법은 순수하게 열역학적인 일로부터 열이 발생했다고 주장하기에 적합했다. 이 실험을 통해 줄은 '추가 한 일이 발전을

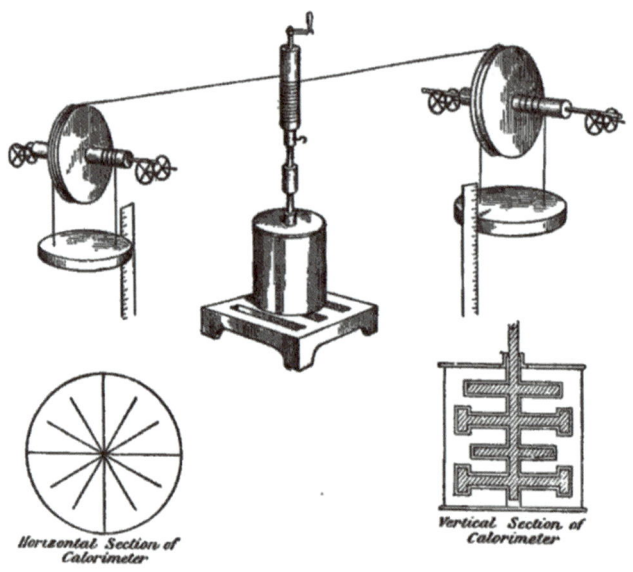

줄이 수행한 열의 일당량 실험

일으키고, 발생한 전류가 전기 저항으로 인해 열이 된다'는 현상에 주목하며 '일이 열로 변환된다'는 원리를 확신하게 되었다.

줄은 처음에 일이 열로 변환되려면 전류가 필수적이라고 생각했다. 하지만 물속에서 날개차를 회전시키며 온도 상승을 관찰하고, 날개차를 돌리는 데 필요한 역학적 에너지를 정량적으로 측정하여 열에너지와 역학적 에너지를 (전류를 매개하지 않고) 직접 연관 지었다. 이러한 발견으로 열은 물질이 아니라 에너지의 한 형태라는 것이 밝혀졌고, 이는 열역학 제1법칙(에너지 보존 법칙의 확장판)의 바탕이 되었다.

다만 줄의 업적은 주로 열과 일의 관계를 밝히는 데 집중되어 있었다. 이를 더 포괄적인 에너지 보존 법칙, 즉 열역학 제1법칙으로 발전시킨 것은 율리우스 로베르트 폰 마이어(Julius Robert von Mayer)와 헤르만 폰 헬름홀츠(Hermann Ludwig Ferdinand von Helmholtz) 같은 이론에 능통한 물리학자들의 공로였다. 따라서 줄이 독자적으로 열역학 제1법칙을 발견하고 확립했다고 보기는 어렵다.

이처럼 고등학교 물리에서 별개의 분야로 배웠던 역학, 전자기학, 열역학은 사실 에너지라는 공통 개념으로 긴밀하게 연결되어 있다. 물리학은 단순한 개별 학문들의 집합이 아니라 하나의 통합된 체계다.

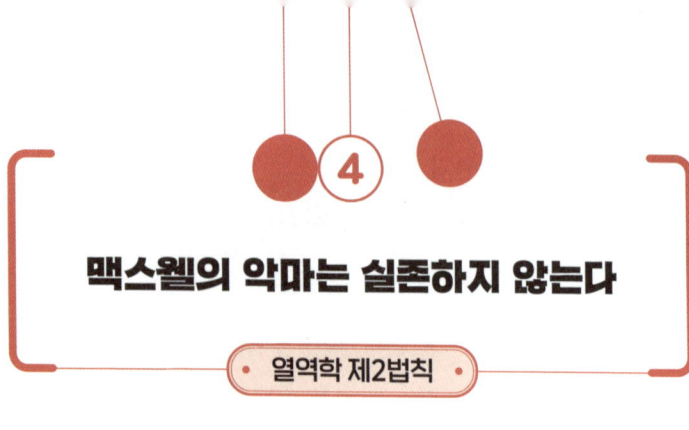

맥스웰의 악마는 실존하지 않는다

열역학 제2법칙

열역학 제1법칙과 자주 혼동되지만 열역학 제2법칙은 열역학 제1법칙과 전혀 다른 법칙이다. 열역학 제2법칙은 '저온에서 고온으로 열이 자발적으로 이동할 수 없다'는 것이다. 여기서

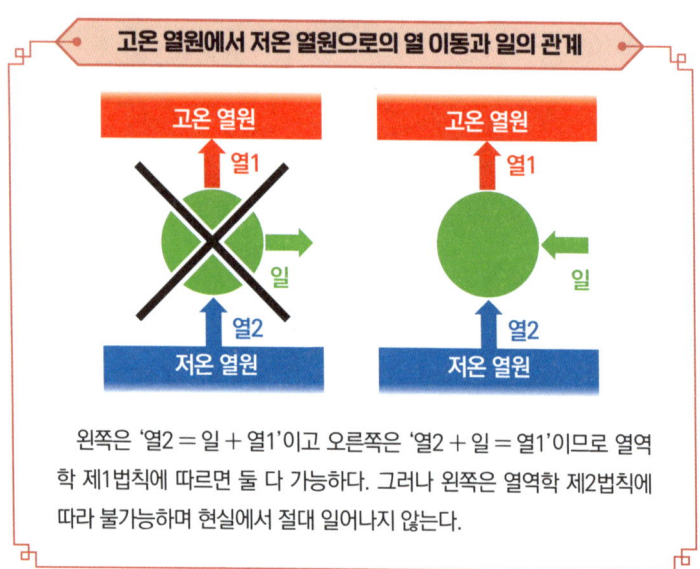

고온 열원에서 저온 열원으로의 열 이동과 일의 관계

왼쪽은 '열2 = 일 + 열1'이고 오른쪽은 '열2 + 일 = 열1'이므로 열역학 제1법칙에 따르면 둘 다 가능하다. 그러나 왼쪽은 열역학 제2법칙에 따라 불가능하며 현실에서 절대 일어나지 않는다.

'자발적'이란 외부에서 추가 에너지(일)를 가하지 않고도 저절로 이동하는 것을 의미한다. 다만 외부에서 일을 가하면 저온에서 고온으로의 열 이동이 가능하다.

왜 자발적으로 저온에서 고온으로 열이 이동해서는 안 될까? 만약 그런 일이 일어난다면 저온 쪽은 계속 차가워지고 고온 쪽은 계속 뜨거워질 것이다. 그렇게 되면 열역학 제1법칙의 한계, 즉 저온 쪽의 에너지가 모두 고온 쪽으로 이동할 때까지 열의 이동은 멈추지 않을 것이다.

이런 현상이 실제로 일어난다면 세상이 불안정해진다. 예를 들어 컵 속의 물을 생각해 보자. 어떤 계기로 물에 약간의 온도 차이가 생겼을 때 저온에서 고온으로 열이 이동하기 시작하면 그 이동은 멈추지 않아 얼어붙은 부분과 끓는 부분으로 나뉘게 될 것이다. 이 같은 현상이 우리 체내에서 일어난다면 일정한 체온을 유지할 수 없다. 즉 신체 일부는 얼어붙고 다른 부분은 끓어서 생명을 유지할 수 없을 것이다.

물론 '열이 자발적으로 저온에서 고온으로 이동하는 현상'이 특정 물질이나 특정 온도 차이에서만 일어난다면 '세계가 안정적으로 존재할 수 없다'는 결론까지 이르지 않는다. 열역학 제2법칙에 반하는 현상이 제한된 조건에서만 발생한다면 전체 시스템은 유지될 수 있어서다.

사실 저온에서 고온으로 열이 자발적으로 이동할 수 없다는 주장은 경험적 관찰에 기반한다. 다시 말해 인류의 현재 지식으로는 이를 위반하는 현상이 관측된 적 없다는 뜻이지, 절대적 진리라고 단언하기는 어렵다. 이러한 관점에서 보면 대부분의 물리 법칙은 경험칙의 성격을 지닌다.

열역학 제1법칙도 결국은 경험칙일 뿐이며, 어느 날 특정 상황에서 이 법칙이 깨진다 해서 특별한 문제는 없을 것이다. 마찬가지로 열역학 제2법칙도 인류가 아는 한 한 번도 깨진 적이 없을 뿐이며, 단지 절대 깨지지 않을 것이라고 믿어지는 우주의 법칙에 불과하다.

열역학 제2법칙과 시간의 방향

물리 법칙에 지배되는 현상 중에는 시간을 '역재생'할 수 있는 현상과 그렇지 않은 현상이 있다. 예를 들어 태양계 내 별들의 운동은 전자에 해당한다. 태양 주위 행성들의 공전 운동과 개별 행성들의 자전 운동은 역방향으로 진행되어도 아무런 문제가 없다.

그러나 저온의 물체에서 고온의 물체로 열이 자연스럽게

이동하는 일은 있을 수 없다. 따라서 물에 떠 있는 얼음이 녹는 모습을 촬영하여 역재생한다면 현실에서는 불가능한 영상이 만들어진다. **이런 의미에서 열역학 제2법칙은 단순히 열역학 내의 중요한 법칙일 뿐만 아니라, 시간의 방향이라는 물리학의 근본적인 문제와 관련된 중요한 법칙이다.**

열이 자연스럽게 저온에서 고온으로 이동할 수 없는 이유는 아직 완전히 밝혀지지 않았지만 몇 가지 설이 있다. 그중 하나는 무질서함과 관련이 있다는 설이다. 얼음과 물을 구성하는 개별 분자를 살펴보면 얼음 속 분자가 물속 분자보다 에너지가 낮다. 이로 인해 물과 얼음이 담긴 컵 전체에서는 에너지가 낮은 분자들이 한곳에 집중된 불균형한 상태가 된다. 개별 물 분자의 관점에서는 얼음 속에 있을 이유가 없으며, 물속으로 자유롭게 이동할 수 있어야 한다.

시간이 충분히 지나면 에너지가 큰 분자와 작은 분자 모두 컵 안에서 균일하게 분포하는 상태에 도달할 것이다. 이는 얼음이 녹아 컵 안의 물의 온도가 일정해진 상태를 의미하며, 열역학 제2법칙에서 말하는 무질서도 증가와 같은 개념이다.

이 설명은 얼핏 타당해 보이지만 한 가지 문제점이 있다. 개별 물 분자의 운동이 태양계 내 별들의 운동처럼 역전될 수 있어야 하기 때문이다. 다시 말해 이 경우 얼음이 녹은 상태에서

출발하여 물과 얼음으로 분리되는 것이 '가능'해야 한다. 이는 열역학 제2법칙에 따르면 절대로 일어나지 않는 현상이므로 제대로 된 설명이라고 할 수 없다.

현실적으로 모든 물 분자가 우연히 물과 얼음으로 분리되는 운동 상태가 되는 일은 거의 일어나지 않는다. 이것으로 열역학 제2법칙이 거의 옳다는 설명은 되지만, 얼음이 녹아서 생긴 물이 다시 얼음으로 돌아가는 일이 절대로 일어나지 않는다는 것을 모든 경우에 증명할 수 있는 사람은 안타깝게도 없다.

맥스웰의 악마 패러독스

이 사고방식에 관해서는 예전에 '맥스웰의 악마'라고 불리는 패러독스가 제기된 적이 있다. 컵 안에 작은 방을 만들고 열고 닫을 수 있는 작은 창문을 설치한다. 에너지가 낮은 물 분자가 다가오면 창문을 열어 방 안으로 들이고, 반대로 방 안의 에너지가 높은 물 분자가 창문 근처로 오면 창문을 열어 방 밖으로 내보낸다. 이 과정을 반복하면 단순히 창문을 여닫는 것만으로 얼음을 만들 수 있지 않을까 하는 것이다. 맥스웰의 악마라는 이름은, 인간이 할 수 없는 이런 일을 해내는 악마와 같은 존

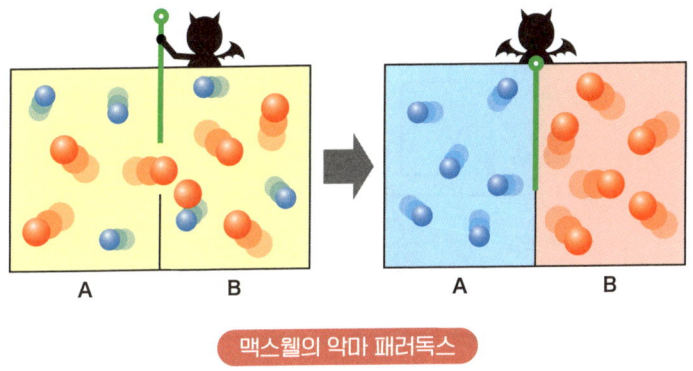

맥스웰의 악마 패러독스

재가 있다면 가능할 것이라는 의미에서 붙여졌다.

이 패러독스는 오랫동안 해명되지 않았다가 최근에 해결책이 제시되었다. 이전 논의에서는 '악마의 머릿속 무질서'가 고려되지 않았다. 악마는 물 분자의 에너지 상태를 기억해야 하는데, 이는 컴퓨터 메모리에 정보가 기록되는 것과 유사하다. 이 과정에서 무질서도가 감소하며, 이는 온도가 낮은 상태에 해당한다. 그러나 새로운 물 분자의 상태를 기억하려면 기존 메모리를 리셋하고 이전 정보를 삭제해야 한다. 그 결과 무질서도가 증가하며 온도가 높아진다.

컴퓨터 메모리 상태가 온도와 관련되어 있다는 개념은 직관적으로 이해하기 어렵다. 그러나 '악마의 뇌 속 메모리의 온도를 외부 작용 없이 마음대로 올리거나 내릴 수 있다'는 전제는

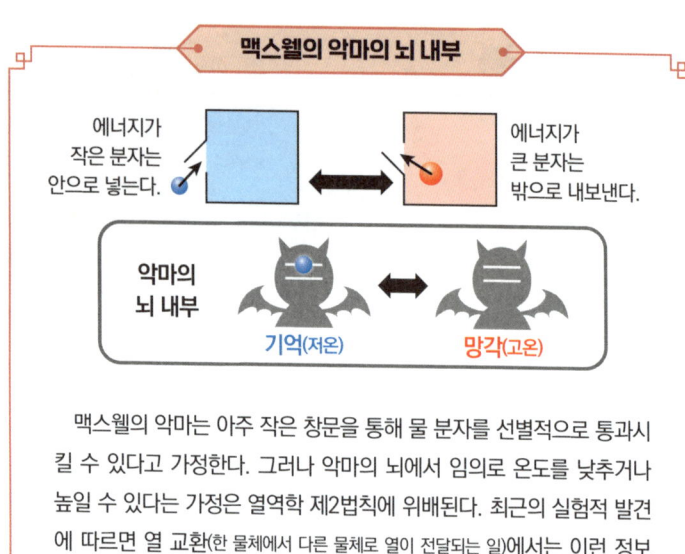

맥스웰의 악마는 아주 작은 창문을 통해 물 분자를 선별적으로 통과시킬 수 있다고 가정한다. 그러나 악마의 뇌에서 임의로 온도를 낮추거나 높일 수 있다는 가정은 열역학 제2법칙에 위배된다. 최근의 실험적 발견에 따르면 열 교환(한 물체에서 다른 물체로 열이 전달되는 일)에서는 이런 정보 처리 과정에서 발생하는 열도 고려해야 한다.

열역학 제2법칙에 위배된다. 따라서 맥스웰의 악마는 실현 불가능하다는 것이 현재 물리학의 결론이다.

이처럼 컴퓨터 메모리 상태에 온도를 정의할 수 있다는 것은 난해한 개념이지만, 과거 물리학자들도 열과 일의 동등성이라는 개념을 이해하는 데 어려움을 겪었다. 이러한 관점에서 컴퓨터 메모리 상태에 온도가 있고 이를 통해 열을 정의할 수 있다는 생각은 물리학 발전 과정에서 나타난 새로운 패러다임으로 볼 수도 있다.

아직 모터에 질 수 없다!

열기관

열기관이라고 하면 오래된 기차의 증기 기관을 떠올리는 사람이 많을 것이다. 구식 기술로 지금은 사용되지 않는다고 생각하는 사람들도 있겠지만 열기관은 여전히 다양한 분야에서 활발히 사용되고 있다.

증기 기관차

증기 기관은 복잡한 구조와 물을 끓여야 출발할 수 있다는 불편함 때문에 자동차의 동력으로는 실패했지만 기차의 동력으로는 오랫동안 살아남았다. 1825년 최초의 영업 운행 이후 1950년경까지 약 120년 동안 선진국에서도 일반적으로 사용되었다. 영국에서는 1960년대까지, 일본에서는 1970년대까지 증기 기관차가 일선에서 영업 운행되었다.

제임스 와트와 증기 기관의 발전

제임스 와트(James Watt)의 증기 기관은 열기관의 대명사로 여겨진다. 그러나 카르노가 열역학을 제대로 이해하지 못했던 것처럼 와트의 열역학 이해도 현재 관점에서 보면 상당히 제한적이었다. 와트(W)라는 단위는 전자기학에서 나온 '단위 시간당 에너지 소비 또는 공급'의 단위다. 이렇게 자신의 이름을 딴 단위가 있을 정도로 훌륭한 업적을 남겼지만 와트는 열역학에 대한 깊은 이해는 부족했다.

와트는 '열과 일의 등가성'을 전혀 이해하지 못했지만 열기관의 실용화에는 성공했다. 1736년에 태어나 1819년에 사망한 영국인 와트가 1818년에 태어난 줄의 업적인 열과 일의 등가성을 알 수는 없었을 것이다.

'기초가 틀렸는데도 응용에 성공하다니' 하고 이상하게 느낄 수 있지만 이는 꽤 흔한 일이다. 대표적으로 동력 비행에 처음 성공한 라이트 형제가 있다. 당시 하늘을 나는 기계나 비행에 관한 이론이 전혀 없었기에 이들은 수많은 시행착오를 거쳐 동력 비행을 실현했다. 라이트 형제의 성공 소식을 들은 학계는 찬사를 보내기는커녕 기계가 날아오르는 것은 과학적으로 불가능하다고 논평했다고 한다.

이러한 내용만 보면 당시 과학자들이 현대 열역학에 대한 이해가 부족하고 고집만 센 사람들로 보일 수 있다. 하지만 오늘날에도 과학적으로 불가능하다고 여겨지던 법칙을 깼다는 보도가 종종 있으나 재현성이 부족한 경우가 대부분이다. 과학 기술이 충분히 발전하지 못했던 19세기에는 이런 잘못된 정보가 더 많았다. 따라서 그런 황당한 논평이 나올 때마다 일일이 대

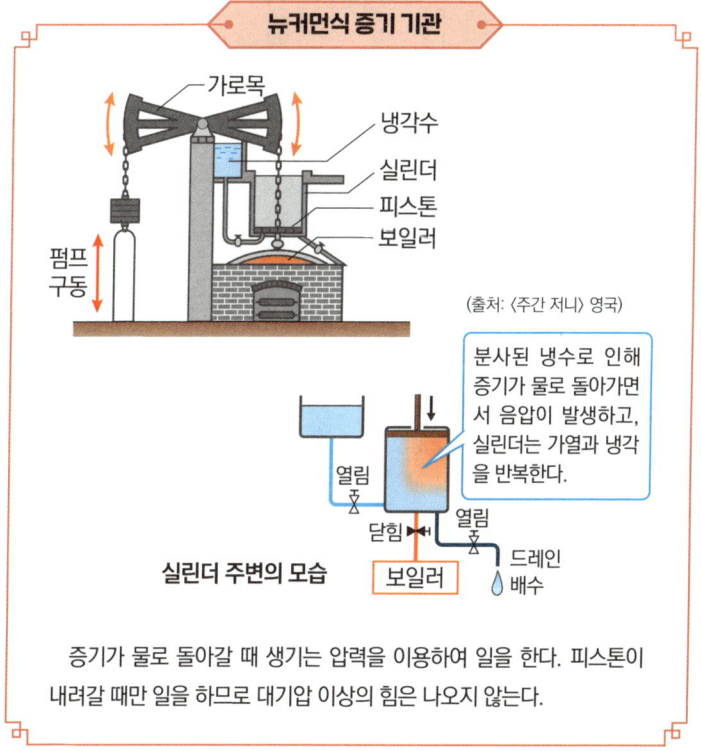

뉴커먼식 증기 기관

(출처: 〈주간 저니〉 영국)

분사된 냉수로 인해 증기가 물로 돌아가면서 음압이 발생하고, 실린더는 가열과 냉각을 반복한다.

실린더 주변의 모습

증기가 물로 돌아갈 때 생기는 압력을 이용하여 일을 한다. 피스톤이 내려갈 때만 일을 하므로 대기압 이상의 힘은 나오지 않는다.

응하지 않는 게 현실적이었을 것이다.

증기 기관으로 설명을 이어 가 보자. 와트 이전의 증기 기관(예를 들어 토머스 뉴커먼이 개발한 증기 기관)은 증기를 피스톤에 보

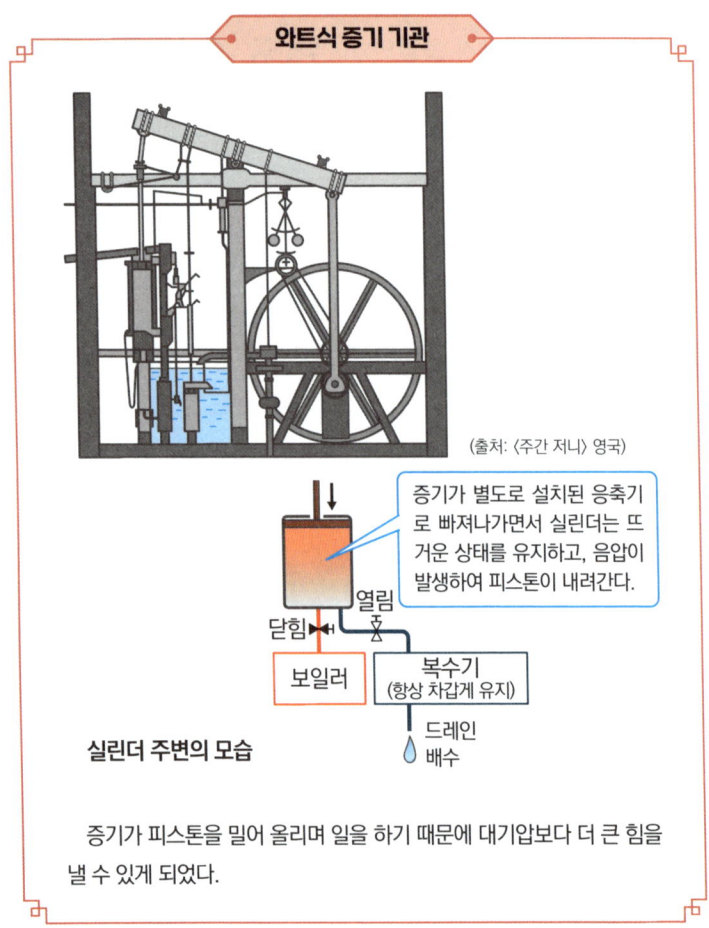

증기가 피스톤을 밀어 올리며 일을 하기 때문에 대기압보다 더 큰 힘을 낼 수 있게 되었다.

내 들어 올린 후, 이를 식혀 물로 되돌리면 피스톤이 중력으로 아래로 내려가는 구조였다. 그리고 대기압인 1기압 이상의 힘을 낼 수 없었다. 다시 말해 '고압의 수증기로 피스톤을 밀어 일을 한다'는 우리가 흔히 떠올리는 증기 기관차와는 매우 달랐다.

와트는 이에 대해 다음 두 가지를 크게 개선했다. 첫째, 대기압을 이용하는 대신, 증기압을 대기압 이상으로 높여서 피스톤이 대기압에 맞서 움직이도록 했다. 이를 통해 대기압보다 더 큰 동력을 얻을 수 있었다. 둘째, 피스톤 내에서 수증기를 물로 되돌리면 피스톤이 함께 식어 효율이 떨어지므로 증기를 외부의 별도 장소로 보내 물로 되돌리도록 했다. 이 두 가지를 개선하자 증기 기관의 성능이 크게 향상되어 증기 기관차와 증기선을 작동할 수 있게 되었다.

내연 기관과 외연 기관의 장단점

열기관은 열의 발생이 동력장치 내부에서 일어나는 내연 기관과 열의 발생이 외부에서 일어나는 외연 기관으로 나뉜다. 엔진은 내연 기관이고, 증기 기관은 외연 기관이다. 이제는 더 이상 볼 수 없는 증기 기관과 달리, 내연 기관인 엔진은 여전히 사용되고 있어서 내연 기관이 더 우수하다고 생각할 수도 있다. 하지만 실제로 어느 쪽이 더 뛰어난지는 상황에 따라 다르다.

먼저 자동차 엔진을 살펴보자. 내연 기관으로 분류되는 이 동력 기구는 훌륭한 열기관이지만 오늘날에는 거의 자동차 엔진에만 사용된다. 최근에는 전기차가 보급되면서 점차 모터로 대체될 것으로 보인다. 일상에서 엔진이라는 내연 기관을 사용하는 세대는 지금이 마지막일지도 모른다.

내연 기관은 피스톤의 왕복 운동을 크랭크를 통해 회전 운동으로 바꾸어 열에너지를 일로 변환한다. 이는 초기 증기 기관에서도 채택했던 고전적인 방식으로, 현재는 더 효율적인 터빈으로 대체되고 있다. 터빈은 열에너지를 회전 운동으로 직접 변환하는 현대적인 장치로, 현재 대부분의 열기관이 이를 채택하고 있다.

증기 터빈의 원리는 매우 단순하다. 간단히 말하면 열에너지로 물을 끓여 만든 고온·고압의 수증기로 날개바퀴를 돌려 발전한다. 열이 외부에서 발생하므로 이는 외연 기관이다. 선풍기가 모터로 바람을 일으키는 것과 반대로, 날개를 돌려 발전한다고 보면 된다(발전기와 모터가 본질적으로 같은 원리라는 것은 2장에서 이미 설명했다).

증기로 발전한다는 방식은 증기 기관차 시대부터 변함없이 이어져 왔다. 한편 증기 대신 연소 가스로 발전하는 가스 터빈도 있지만, 이 방식은 별로 사용되지 않는다. 연소 가스의 에너지 밀도가 낮기 때문이다. 연소 과정에서 주변의 대기를 사용하는데, 연료를 태우면 공기가 팽창해 더욱 희박해진다. 그러면 같은 부피 내 에너지가 감소하여 힘이 약해진다. 이를 방지하려면 가스 터빈은 연소 전에 공기를 압축해야 하며, 이 압축 과정에 발전으로 얻은 에너지의 절반 이상을 써야 해서 비효율적이다.

반면에 증기 터빈은 수증기를 물로 되돌릴 때 단순히 냉각하면 되므로 압축에 에너지를 쓸 필요가 없다. 이런 결정적인 차이가 증기 터빈이라는 수증기를 사용한 매우 오래된 발전 시스템이 살아남은 이유다. 실제로 증기 터빈의 효율(발생한 열에서 에너지로 추출되는 비중)은 43%에 달한다. '겨우 절반 이하'라고 생각할 수도 있지만 내연 기관인 엔진의 효율도 40%에 불과하다. 이로써 효율이 낮아서 외연 기관이 사라진 것이 아님을 알 수 있다.

그렇다면 왜 자동차는 터빈 대신 엔진을 사용할까? 자동차는 속도에 맞추어 엔진 회전을 세심하게 조절해야 하기 때문이다. 멈추었다가 움직이기도 하고, 또 출발할 때는 천천히, 고속도로를 달릴 때는 고속으로 엔진이 회전해야 한다.

하지만 터빈은 수증기나 가스의 '기세'로 회전수가 결정되어 쉽게 조절할 수 없다. 이에 비해 가솔린 엔진은 공기와 섞어

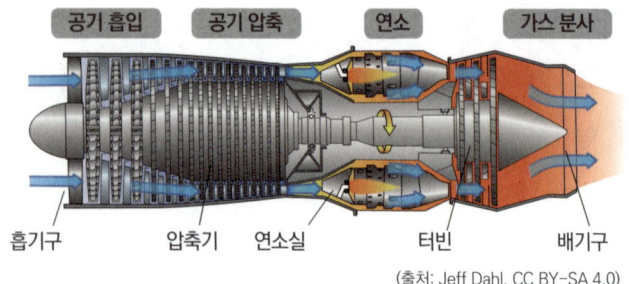

(출처: Jeff Dahl, CC BY-SA 4.0)

가스 터빈(제트 엔진)의 구조

태우는 가솔린의 양을 조절해 회전수를 자유롭게 바꿀 수 있다. 이러한 장점 때문에 자동차에 터빈이 도입되기 어려웠다.

참고로 제트 엔진도 터빈을 활용한 열기관이다. 이 엔진은 연료를 태워 만든 고온·고압의 가스를 분사하여 그 반작용으로 추진력을 얻는다. 제트 엔진은 내부에서 열이 발생하므로 내연 기관으로 분류된다. 가스 터빈은 증기 터빈과 구조는 비슷하지만 내연 기관과 외연 기관의 구분에서는 차이를 보인다. 즉 내연 기관인지 아닌지가 반드시 효율의 우열을 결정짓지 않는다.

비행기에서 증기 터빈 대신 가스 터빈이 사용되는 이유는 증기 터빈은 연료 외에도 물을 싣고 다녀야 하므로 비행기가 무거워지기 때문이다. 아무리 효율이 좋은 증기 터빈이라도 물까지 싣고 다녀야 한다면 추진력의 대부분을 물 운반에 써야 하는 상황이 발생한다.

이처럼 현실에서는 용도에 따라 서로 다른 구조의 열기관이 채택되고 있다. 인류는 앞으로도 한동안 열기관에 의존하며 살아갈 것이다.

전기 모터 비행기가 등장하지 않는 이유

참고로 전기 모터가 비행기에 사용되지 않는 가장 큰 이유는 충전지가 무겁기 때문이다. 제트 연료는 연소 과정에서 점점 소모되어 비행기가 비행 중 시간이 지날수록 가벼워진다. 즉 비행기는 보통 연료 탱크를 반만 채운 상태로 비행하는 셈이다.

하지만 충전지는 시간이 지날수록 무게가 줄어들지 않고 공간을 많이 차지한다. 전기 모터 비행기에 배터리를 많이 실으면 승객석이나 화물칸이 줄어들어 항속 거리를 늘리기 어렵고 기체 중량이 증가하여 연비도 나빠진다. 만약 앞으로 고성능 충전지가 개발되거나 무선 전력 전송 기술이 현실화되는 등 획기적인 발전이 이루어진다면 전기 모터로 나는 비행기도 실현 가능할 것이다. 실제로 드론은 전기 모터로만 구동되며, 이 기술을 대형화할 수 있다면 전기 비행기를 실용화할 수 있다.

마지막으로 증기 기관은 증기 기관차나 증기선에는 채택되었는데 자동차에는 왜 채택되지 않았을까? 간단히 말하면 구조가 복잡하고 유지 보수가 어렵기 때문이다.

증기 기관은 외연 기관이다. 즉 외부에서 증기를 발생시켜 고압으로 유지한 채 피스톤으로 보내고, 사용한 증기를 물로 되돌려 재가열하는 복잡한 시스템이 필요하다. 반면에 내연 기관은 모든 과정이 피스톤 내부에서 일어나므로 그런 문제가 없다.

그런데 같은 증기를 사용하는 외연 기관이지만 증기 터빈은 현재까지 널리 쓰이고 있다. 앞서 말했듯이 증기 기관과 달리 증기 터빈은 처음부터 증기가 순환하는 구조로 설계되어 있어 구조가 단순하고 유지 보수가 쉽다. 또한 물을 가열하여 수증기로 만들고 이를 물로 되돌리는 순환계 중간에 동력을 얻기 위한 터빈을 설치하는 방식이므로 외연 기관의 특성과 잘 맞는다.

이처럼 열기관에는 다양한 종류가 있으며 각각의 용도에 따라 적합한 방식으로 활용된다.

에어컨은 어떻게 찬 바람을 내보낼까?

냉각기

열역학 제2법칙은 저온 열원에서 고온 열원으로의 열 이동이 자발적으로는 절대 발생할 수 없다고 명시한다. 하지만 외부에서 일을 가하면 이 법칙은 달라진다.

일반적인 열기관은 고온 열원으로부터 열1을 받아들이고 저온 열원에 열2를 배출한다.

$$열1 - 열2 = 일$$

만약 다음 그림의 오른쪽처럼 외부에서 일을 가해 이 과정을 역전시키면 저온 열원으로부터 열2를 받아들여 고온 열원으로 열1을 이동시킬 수 있다. 그러면 저온 열원의 온도를 더욱 낮출 수 있다. 이를 식으로 표현하면 다음과 같다.

$$열2 + 일 = 열1$$

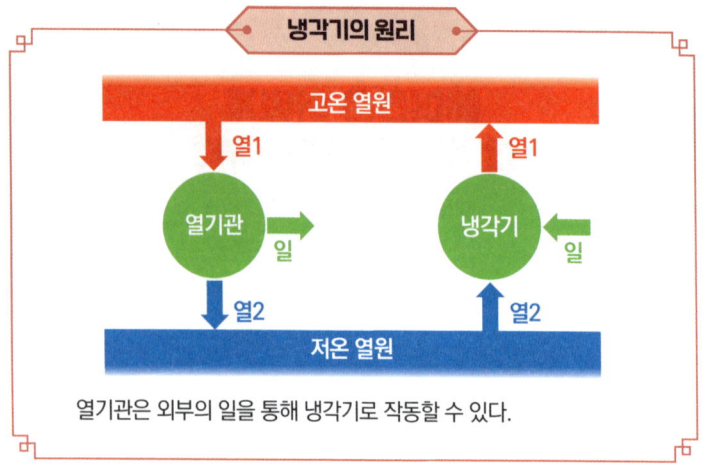

열기관은 외부의 일을 통해 냉각기로 작동할 수 있다.

이처럼 열기관은 외부에서 일을 공급받아 '저온 열원의 열을 고온 열원으로 배출하는' 본래 불가능해 보이는 작용을 하는 냉각기로 변환될 수 있다. 이는 모터를 역회전시키면 발전기가 되는 것과 유사하다.

냉각보다 가열이 더 쉽다는 말은 사실일까?

열기관의 효율은 입력된 열1을 얼마나 많이 일로 변환할 수 있는지에 따라 다음 식으로 주어진다.

$$열효율 = \frac{일}{열1}$$

이는 다음과 같이 정리할 수 있다.

$$일 = 열1 - 열2$$

이를 적용하면 다음과 같은 식이 나온다.

$$열효율 = \frac{열1 - 열2}{열1} = 1 - \frac{열2}{열1}$$

즉 '일 = 열1-열2 > 0'인 이상 '열1 > 열2'이므로 이 값은 0과 1 사이의 값이 되며, 열기관은 가해진 열 이상의 일을 할 수 없다는 것을 알 수 있다.

다음으로 냉각기의 열효율을 생각해 보자. 냉각기의 성능은 외부에서 가한 일로 저온 열원에서 얼마나 많은 열2를 퍼낼 수 있는지를 나타내는 열효율로 결정된다.

$$열효율 = \frac{열2}{일}$$

이것이 성능을 평가하는 기준이 된다. 외부에서 얼마든지 일을 가할 수 있으므로 이 값에는 열기관의 열효율과 같은 상한이 없고, 냉각기는 일당 퍼내는 열의 양인 열2를 얼마든지 크게 할 수 있다. 즉 일을 많이 할수록 더 많은 열을 퍼낼 수 있는 것이다.

일반적으로 물건을 따뜻하게 하는 것이 식히는 것보다 쉽다고 생각하지만 실제로는 그 반대다. 이런 오해가 생기는 이유는 '연소'라는 발열 반응은 비교적 쉽게 일으킬 수 있는 반면, 그만큼 쉽게 일으킬 수 있는 흡열 반응이 없기 때문이다. 그러나 열역학적으로는 냉각이 더 용이하다.

냉각기는 고온 열원 쪽에서 기체를 압축해 온도를 고온 열원보다 더 높게 만들어 열1을 고온 열원에 방출한다. 반대로 저온 열원 쪽에서는 기체를 팽창시켜 온도를 저온 열원보다 더 낮게 만들어 열을 흡수한다. 이 과정에서 기체의 팽창과 압축에는 일이 필요하지만 열1이나 열2의 크기나 대소 관계에 특별한 제한은 없기 때문에 이론적으로는 얼마든지 고성능의 냉각기를 만들 수 있다.

에어컨의 냉방 원리

열을 이용해 일을 만드는 방식은 다양하지만 냉각 기술은 상대적으로 제한적이다. 여기서는 우리에게 가장 친숙한 에어컨의 냉방 기능을 예로 들어 열 교환을 통한 온도 조절 방법을 살펴보겠다.

에어컨은 기체나 액체를 활용해 열을 교환함으로써 실내 온도를 조절하는 공조기다. 이 과정에서 열을 이동시키는 매개체 역할을 하는 유체를 냉매라고 하며 주로 수소, 불소, 탄소의 화합물이 사용된다.

다음 그림을 보자. 먼저 실내기의 증발기에서 방의 따뜻한 공기로 냉매를 데운다. 이 가열된 냉매는 실외기로 보내지고, 압축기에서 압력을 받아 더 높은 온도가 된다. 이렇게 고온이 된 냉매는 실외기의 응축기를 통과하면서 열을 외부 공기로 전달하고, 실외기의 팬이 이 데워진 공기를 밖으로 내보낸다. 열을 방출하여 온도가 낮아진 냉매는 응축기를 통과하면서 부피가 원래대로 줄어들며 더욱 차가워진다. 이렇게 냉각된 냉매가 다시 실내기로 보내져 증발기를 통과하며 차가운 바람을 내뿜는다. 이것이 에어컨이 공기를 식히는 기본 원리다.

또한 에어컨은 단순히 냉매를 압축하여 고온으로 만들기만

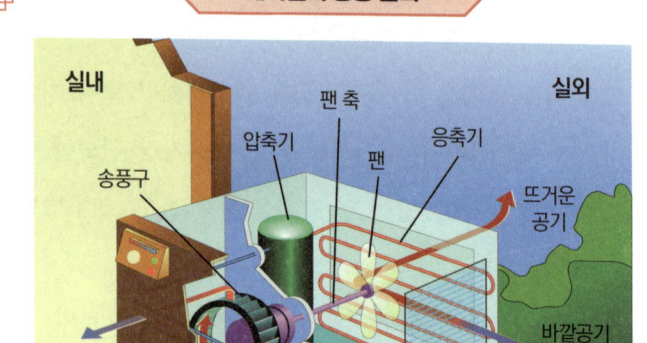

에어컨 냉방 기능은 압축기, 응축기, 증발기를 통해 실내의 따뜻한 공기를 실외로 방출하고 찬 바람을 실내로 보내 온도를 낮춘다.

하지 않는다. 기체가 액체로 변할 때 발생하는 잠열을 활용하여 더 효율적인 열 교환이 이루어지도록 설계된다.

잠열은 물질이 고체에서 액체로, 또는 액체에서 기체로 변하거나 그 반대의 상태 변화가 일어날 때 온도 상승 없이 소비되는 열을 말한다. 말 그대로 '숨어 있는 열'이다. 예를 들어 주사 맞기 전 팔을 소독용 알코올로 닦을 때 차갑게 느껴지는 것은 액체 상태의 알코올이 기화하면서 팔에서 열을 빼앗기 때문이다. 이것도 잠열에 따른 현상이다.

에어컨은 냉매를 고압으로 압축해 고온의 액체 상태로 만든다. 이 액체가 감압되어 다시 기체로 변할 때 소독용 알코올이 기화할 때처럼 주변의 열을 흡수한다. 냉매의 압축(액화)과 응축(기화) 과정에서 발생하는 방열과 흡열을 이용해 냉각 효과를 극대화하는 것이 에어컨의 기본 원리다.

다만 '기체를 압축하면 액체가 되어 열을 방출한다'는 현상은 일상에서 체감하기 어렵다. 우리가 가장 자주 접하는 기체인 공기는 아무리 압축해도 상온에서는 액체로 변하지 않기 때문이다. 공기가 액화되려면 훨씬 더 낮은 온도가 필요하다.

반면 우리가 흔히 접하는 액체인 물은 상온에서 이미 액체 상태로 존재하기 때문에 수증기가 압축되어 액체로 변하는 과정을 직접 보기 어렵다. 일반적으로 수증기가 물로 변할 때는 압축이 아니라 온도가 낮아지는 방식으로 이루어지기 때문이다. 이 과정에서 열이 방출된다는 사실은 이론적으로 이해할 수 있지만 일상에서 쉽게 체감하기는 어렵다.

결과적으로 냉방을 하려면 상온에서 쉽게 (압축이나 팽창으로) 액체나 기체로 변하는 특수한 물질이 필요하다. 그 조건을 충족하는 대표적인 물질이 프레온 가스였다. 그러나 후에 프레온 가스가 오존층 파괴와 같은 지구 환경에 치명적인 영향을 미친다는 사실이 밝혀지면서 제조가 금지되었다. 결국 프레온 가스는 에어컨과 냉장고의 냉매로 널리 쓰였으나 오존층 파괴 등의 문제로 인해 대체 가스로 교체되었다.

다시 말해 우리가 일상에서 기체의 압축과 액화 과정을 자주 접하지 못한다는 점이 냉방 기술에 프레온 가스와 같은 특수하고 위험한 물질을 사용하게 된 이유 중 하나다. 만약 이런 현상이 흔하고 일반적인 물질로도 가능했다면 냉방 장치를 만들기 위해 굳이 프레온 가스 같은 특수한 물질을 사용할 필요가 없었을 것이다.

왜 냉각은 어렵고 가열은 쉬울까?

앞서 언급했듯이 열역학적으로는 물질을 가열하는 것보다 냉각하는 것이 더 쉬운데도 우리는 정반대로 인식하는 경향이 있다. 이는 열을 만들어 내는 방법이 다양한 물건의 연소로 가능하지만 열을 제거하는 방법은 기체의 팽창과 액체의 증발 정도밖에 없기 때문일 것이다.

기체의 팽창은 열역학 제1법칙에 따라 일과 열의 합이 일정하다는 조건에서 일을 수행함으로써 열을 흡수할 수 있다. 또한

열역학 제1법칙

열역학 제1법칙
$$\Delta U = Q + W$$
ΔU [J] 내부 에너지의 변화
Q [J] 물체에 가해진 열량
W [J] 물체가 받은 일

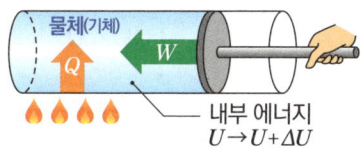

열역학 제1법칙에 따르면 닫힌계의 내부 에너지 변화는 계에 공급되는 열량과 계가 주위로부터 받은 일의 합과 같다. 따라서 일을 수행하면 열을 흡수할 수 있다.

예를 들어 구름이 생길 때 단열 팽창으로 온도가 내려가는 것은 '대기 덩어리가 일을 수행하면서 열을 흡수해 온도가 낮아졌다'고 해석할 수 있다. 즉 구름의 생성은 일종의 냉각기라고 볼 수 있다.

액체가 기체로 증발할 때 주위로부터 잠열을 빼앗아 냉각에 이용할 수 있다. 이 두 가지 외에 일을 통해 열을 제거하는 효과적인 방법은 현재로서는 제한적이다.

몇 안 되는 예외 중 하나가 가스 흡수식 냉각기다. 이 장치는 외부에서 기계적 일을 가하는 대신 열을 공급하여 전체적으로 냉각 효과를 얻는 독특한 시스템이다(자세한 설명은 다음 그림 참고). 가스 흡수식 냉각기는 특별한 일을 하지 않고 외부에서 수용액을 강제로 증발시키는 데 필요한 열만 공급받는다. 이렇게 복잡한 방식을 사용하는 이유는 동력 없이도 냉방이 가능하기

가스 흡수식 냉각기

(※ 홋카이도 가스 홈페이지의 그림을 참고하여 작성)

　흡수액은 특정 물질의 수용액으로, 이를 가열하여 물을 증발시킨다(①). 증발된 증기는 외부 공기와 접촉하여 다시 물로 응축된다(응축, ②). 이후 고진공 증발기를 사용하여 강제로 재증발시키고(③) 진공 상태를 유지하기 위해 흡수기에 물을 철저히 흡수하는 물질을 넣는다(④). 이 물질은 물을 흡수하여 수용액이 되고, 상부로 이동한 후 물이 증발하면 농축된 상태로 다시 흡수기로 돌아오는 순환 과정을 거친다.

　물의 끓는점은 압력에 따라 변한다. 즉 압력이 높으면 올라가고, 낮아지면 내려간다. 밥을 지을 때 밥솥을 밀폐하고 가열하는 것도 이 원리와 관련이 있다. 물이 끓어서 생긴 수증기가 밥솥 안에 갇히면 밥솥 내부의 압력이 올라 끓는점이 100℃ 이상으로 상승한다. 이렇게 높아진 온도에서 조리하면 단단한 쌀알도 부드럽고 푹신한 밥이 된다.

　반대로 기압이 낮아지면 끓는점이 내려가 상온(30℃ 정도)에서도 물이

> 쉽게 끓을 수 있다. 일반적으로 사람들은 우주 공간에 노출되면 질식사할 것이라고 생각하지만 오히려 극도로 낮은 기압으로 인해 체내 혈액의 끓는점이 체온 이하로 떨어져 혈액이 끓어올라 바로 사망할 수도 있다. 이 원리를 응용한 증발기는 상온에서도 물을 끓여 증발시킬 수 있으며, 이 과정에서 발생하는 기화열을 이용해 냉각 효과를 얻는다. 이는 여름철 물 뿌리기의 원리와 유사하지만, 그 효과를 크게 증폭한 것이다.

때문이다.

가스 회사에서도 냉방을 제공할 수 있다는 이야기를 들어 본 적이 있을 것이다. 하지만 이는 가스 냉방이 아니라 가스 히트펌프라는 별도의 시스템을 의미한다(258쪽 참조). 이 시스템도 액체가 증발할 때의 흡열 현상을 활용한다. 먼저 가스로 구동되는 엔진을 사용하여 기체를 강하게 압축해 액체 상태로 만든다. 이후 이 액체가 대기압에서 다시 기화될 때 주변의 열을 흡수하면서 냉각 효과를 발생시킨다.

실제로 많은 가스 회사가 동물원이나 공연장 같은 대규모 시설을 위한 냉방 장치를 판매하고 있다. 우리도 모르는 사이에 가스를 이용한 냉각 시스템의 혜택을 받고 있는 셈이다(가스를 이용한 냉방에는 '내추럴 칠러' 또는 '흡수식 냉온수기'라는 기술도 있지만, 이 기술은 열역학 원리만으로는 설명하기 어렵기 때문에 여기서는 생략하겠다).

물질을 쉽게 가열할 수 있는 것은 연소 반응 덕분이다. 연소

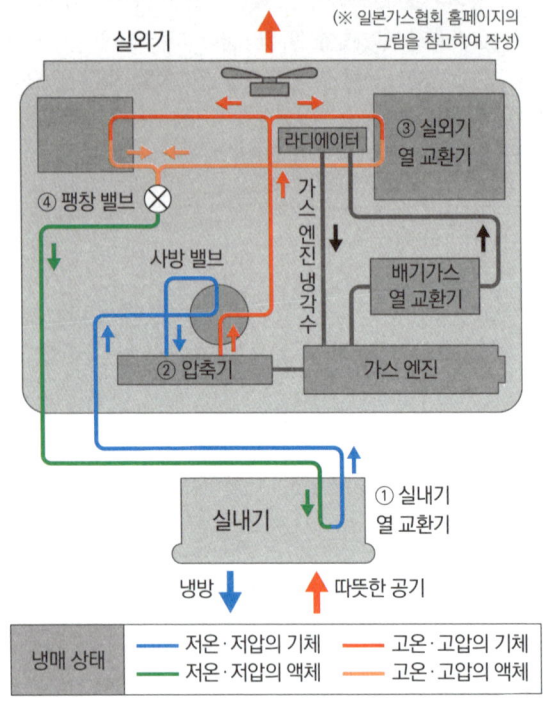

실내기(①)에서 저온·저압의 액체(녹색)가 증발하여 저온·저압의 기체(파란색)로 변할 때 열을 빼앗는다. 이렇게 변한 기체는 압축기(②)로 이동해 압축되어 고온·고압의 기체(빨간색)가 된다. 이후 실외기의 열 교환기(③)를 지나면서 외부(실내보다는 온도가 높지만 고온·고압의 기체보다는 낮은 온도)와 접촉하여 냉각되어 고온·고압의 액체(주황색)로 바뀐다. 이 액체는 팽창 밸브(④)를 통과하며 자유롭게 팽창하면서 온도와 압력이 낮아져 다시 저온·저압의 액체(녹색)로 돌아간다. 기체를 압축할 때 전기 모터 대신 가스 엔진을 사용한다는 점을 제외하면 일반 에어컨과 원리가 비슷하다.

를 이용하지 않고 가열하기는 매우 어렵다. 연소는 일종의 연쇄반응으로, 한번 시작되면 저절로 계속 진행된다. 핵무기가 무서운 이유도 일단 핵분열이 시작되면 반응이 계속 이어져 엄청난 열이 발생하기 때문이다. 연소는 특정 온도 이상이 되면 시작되며, 연소 과정에서 생긴 열이 그 온도를 유지해 주기 때문에 반응이 계속된다.

우리 주변에는 연소에 필요한 탄수화물과 산소가 흔하게 존재한다. 따라서 고온만 제공되면 쉽게 연소가 일어난다. 하지만 이 편리한 연쇄반응인 연소는 '고온'이라는 특별한 조건이 필요하며, 이는 인간의 의도적인 개입 없이는 유지되기 어렵다. 인간은 이 고온이라는 트리거를 교묘하게 조절함으로써 연소 반응을 자유자재로 제어할 수 있게 되었다. 이것이 우리가 가열을 쉽게 할 수 있는 이유다.

그렇다면 왜 냉각은 연소처럼 연쇄반응으로 일어나지 않을까? 이는 특정 온도보다 높은 상태는 인위적 개입 없이는 존재하지 않지만, 특정 온도보다 낮은 온도는 자연적으로 존재하기 때문이다. 거시적으로는 균일해 보이는 공간도 미시적으로 보면 열에너지가 고르지 않게 분포한다(열 요동). 이로 인해 아주 작은 영역이라도 주변보다 온도가 낮은 지점이 자연스럽게 존재한다.

온도가 높은 영역을 만들려면 외부에서 열을 가해야 하지만, 낮은 온도 영역은 자연적인 요동으로 인해 저절로 형성될 수 있다. 따라서 냉각 연쇄반응이 가능하다면 낮은 온도 지점에서 시작되어 주변을 더 차갑게 만들며 계속될 것이다.

정리하자면 온도를 낮추는 냉각 연쇄반응이 존재하더라도 인간의 개입 없이 저절로 시작될 수 있다. 이런 자발적 반응이 일어나면 그 반응이 시작되기 '이전'의 상태는 빠르게 사라진다. 결국 냉각 연쇄반응이 있더라도 그것이 저절로 진행되어 소멸하기 때문에 인간이 원하는 시점에 의도적으로 시작할 수 없다. 이 때문에 우리는 가열보다 냉각이 더 어렵다고 느낀다.

열은 파동이었다

🌧 푸리에의 고뇌

막대기 하나를 준비하자. 한쪽 끝을 가열하고 반대쪽을 냉각시키면 막대기의 온도는 어떻게 변할까? 대부분은 차가운 쪽에서 따뜻한 쪽으로 가는 동안 온도가 점점 높아질 거라고 예상할 것이다. 직관적으로는 맞는 생각이지만 그 이유를 설명하기는 쉽지 않다.

열역학에서는 뜨거운 물체와 차가운 물체가 접촉하면 열이 고온에서 저온으로 이동해 결국 같은 온도에 도달한다고 배운다. 하지만 그 과정에서 어떤 일이 벌어지는지는 열역학만으로 충분히 설명할 수 없다.

전자기학에서 전류는 자기장을 생성하거나 모터를 구동하는 등 실체가 명확하다. 반면에 열의 흐름은 직접 관찰할 수 없다. 실제로 '열류계'라는 장치조차 열의 흐름 자체가 아닌 '온도

열전도 실험 장치의 외관(위)과 열전도 실험 모식도(아래)

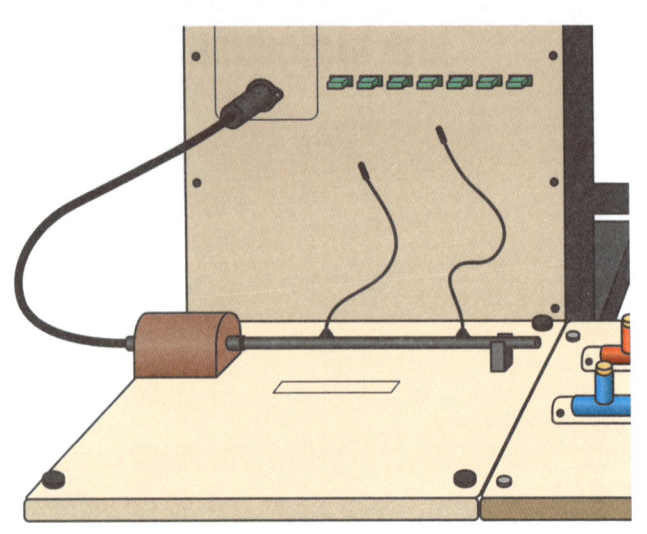

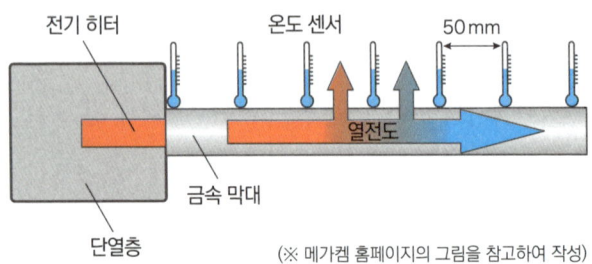

(※ 메가켐 홈페이지의 그림을 참고하여 작성)

열전도(물질의 내부 또는 접촉한 두 물질의 경계에서 입자의 상호작용으로 고온에서 저온으로 열이 이동하는 현상)를 논할 때 실제로 측정하는 것은 온도일 뿐, 열의 흐름 자체가 아니다.

차'를 측정한다. 즉 '양 끝의 온도 차이에 따라 중간 지점의 온도가 변화한다'는 현상을 관찰할 수 있을 뿐, 실제 열의 이동을 직접 측정하지는 않는다. 그렇다면 온도차가 있을 때 열류(어떤 물질에서 다른 물질로 흘러가는 에너지로서의 열)의 크기는 어떻게 결정될까?

이 어려운 문제에 도전한 사람이 바로 장 바티스트 조제프 푸리에(Jean Baptiste Joseph Fourier)였다. 푸리에가 찾아낸 답은 다음과 같았다.

열 흐름의 크기는 온도차에 비례한다.

실제로 열류계는 이 원리에 따라 열 흐름을 추정할 뿐, 직접 측정하지는 못한다. 그렇다고 해도 길이가 있는 막대에서 온도 분포를 계산할 수 있는 수학적 방법이 푸리에 시대에는 없었다. 난감했던 푸리에는 오랜 고심 끝에 놀라운 주장을 내놓았다.

임의의 함수는 삼각함수 급수로 표현할 수 있다.

여기서 말하는 삼각함수란 우리가 잘 아는 sin이나 cos 같은 파동의 식을 말한다. 그리고 급수란 쉽게 말해 다양한 주파수(파

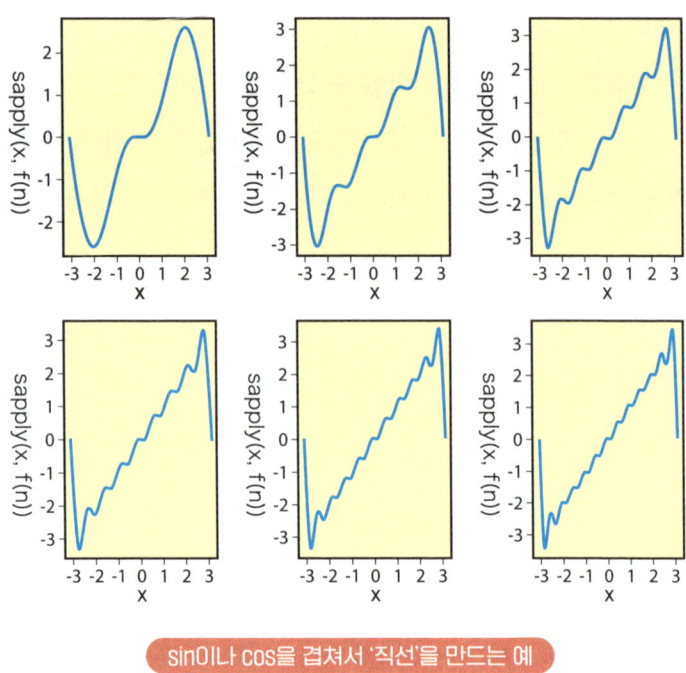

sin이나 cos을 겹쳐서 '직선'을 만드는 예

장)의 파동을 여러 개 더하는 것이다. 막대의 온도 분포는 직선적으로 감소하거나 증가하는데, sin이나 cos을 여러 개 더하면 이런 직선적 변화를 나타낼 수 있다는 것이다.

왜 이런 접근이 아니면 문제가 풀리지 않는지 설명하는 것은 안타깝게도 이 책의 범위를 넘어선다. 하지만 진동과는 전혀 상관없어 보이는 열전도 문제를 푸리에가 중첩 원리로 표현할 수 있다고 깨달은 점에서 그의 천재성이 돋보인다. 이 업적은

'푸리에 해석'이라는 이름으로 남아 열전도 외에도 다양한 수학적 문제를 해결하는 데 널리 쓰이고 있다. 실제로 '푸리에' 하면 사람들은 일반적으로 열전도보다는 해석학을 먼저 떠올린다.

나 역시 푸리에 해석이 당연히 파동 연구를 위해 만들어졌을 거라고 생각했는데, 열전도 분석을 위해 고안되었다는 사실을 알고 머릿속이 물음표로 가득 찼던 기억이 있다. 결국 이러한 이유로 열전도는 사실상 파동이었다!

열이나 파동 모두 이해하기 어려운 개념이지만 파동은
다른 의미에서 어렵다. '열이란 무엇인가?'라는 질문에는
대답하기 어렵지만 '파동이란 무엇인가?'라는 질문에는
그림을 그려 설명할 수 있다. 그럼에도 파동이 어려운 이유는
'어디서나 발생할 수 있다'는 점에 있다. 진동하는 모든 것이
파동을 만들 수 있는데, 우리 주변의 거의 모든 것이 진동하고 있다.
이렇듯 파동은 보편적이라서 오히려 파동들 간의 공통점을
찾기가 어렵다. 예를 들어 소리와 빛은 둘 다 파동이지만,
이 둘 사이에서 '파동'이라는 점 외의 공통점을 찾기는 쉽지 않다.
따라서 이번 장에서는 같은 파동이 상황에 따라
전혀 다르게 보이는 이유를 설명하면서 파동의 본질에 대해
더 깊이 살펴보고자 한다.

진동하는 모든 것은 **파동**을 만든다

파동

사람은 왜 소리를 볼 수 없을까?

빛의 직진성

소리는 음원이 보이지 않아도 전달된다. 왜 그럴까? 빛은 광원을 직접 볼 수 없으면 보이지 않지만, 소리는 음원이 보이지 않아도 들을 수 있다. 알다시피 소리는 파동이며, '호이겐스의 원리'로 전달된다.

다음 그림에서 원형으로 진행하는 파동의 파면에 있는 각각의 점(검은 점)이 새로운 파원이 된다. 그리고 이 점들을 중심으로 발생한 작은 원형파(파란색 원)들이 서로 겹쳐져서 다음 원형파(굵은 원)를 만든다.

이 원리를 틈새를 통과하는 원형파에 적용하면, 소리는 틈새의 정면뿐 아니라 음원이 직접 보이지 않는 곳에도 전달된다는 것을 알 수 있다. 즉 파동인 소리는 돌아서 전달되지만 빛은 그렇지 않아서 광원이 보이지 않으면 빛도 도달하지 않는다.

여기서 잠깐 생각해 보자. 고등학교에서 우리는 '빛도 파동이다'라고 배웠다. 빛의 색은 파장(주파수)의 차이로 결정되는데

호이겐스의 원리

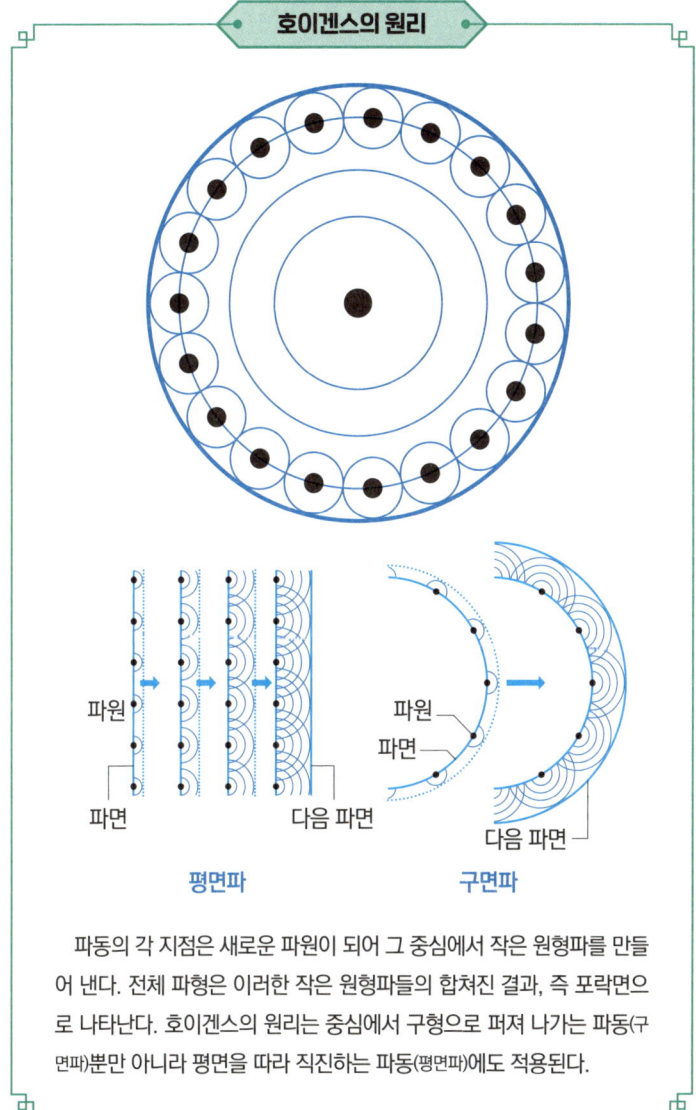

평면파   **구면파**

파동의 각 지점은 새로운 파원이 되어 그 중심에서 작은 원형파를 만들어 낸다. 전체 파형은 이러한 작은 원형파들의 합쳐진 결과, 즉 포락면으로 나타난다. 호이겐스의 원리는 중심에서 구형으로 퍼져 나가는 파동(구면파)뿐만 아니라 평면을 따라 직진하는 파동(평면파)에도 적용된다.

파장이 긴(주파수가 낮은) 빛은 빨간색이고, 파장이 짧은(주파수가 높은) 빛은 파란색이다.

그런데 빛도 파동이라면 틈을 통과한 후에 돌아서 전파되어야 하지 않을까? 소리와 빛 모두 파동인데, 왜 소리는 돌아가고 빛은 돌아가지 않을까? 그 힌트는 틈의 너비와 파장의 관계에서 찾을 수 있다.

먼저 파장은 그대로 두고 틈의 너비가 훨씬 커진 경우를 생각해 보자. 이때는 틈에서의 회절이 크게 줄어든다. 즉 파동이라도 틈의 너비가 파장에 비해 크면 회절이 작아진다. 회절이 작다는 것은 파동이 정면으로만 진행하는 직진성이 크다는 의미다.

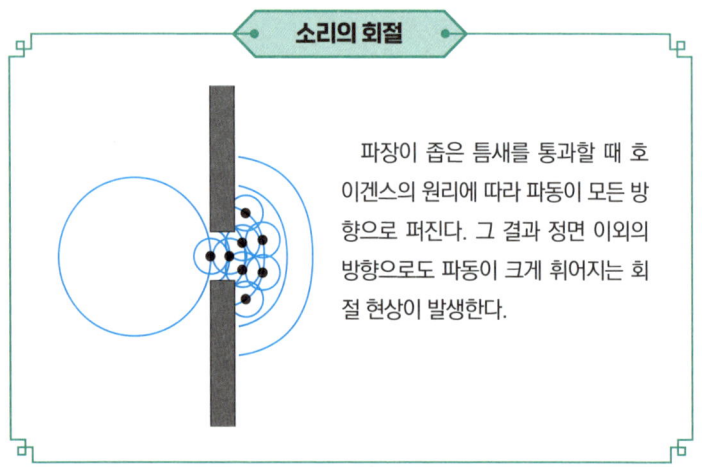

소리의 회절

파장이 좁은 틈새를 통과할 때 호이겐스의 원리에 따라 파동이 모든 방향으로 퍼진다. 그 결과 정면 이외의 방향으로도 파동이 크게 휘어지는 회절 현상이 발생한다.

 음과 빛의 파장

 그렇다면 음과 빛의 파장의 길이는 얼마나 다를까? 파동은 다음과 같은 관계로 나타낼 수 있다.

속도 = 파장 × 주파수

 음속은 1초에 약 340m다. 인간의 귀에 들리는 음의 주파수는 20Hz에서 2만 Hz(Hz는 1초에 몇 번 진동하는지를 나타내는 수치)이므로, 여기서는 임의로 2,000Hz로 계산해 보자. 이 경우 파장은 340m를 2,000으로 나누어 약 17cm가 된다.

 그렇다면 빛은 어떨까? 빛의 속도는 1초에 약 30만 km다. 가시광선 중에서 빨간색 빛의 주파수가 가장 낮으며, 약 400THz다. 여기서 T는 테라를 의미한다. 테라는 1초에 1조 번 진동하는 크기이므로, 파장은 30만 km를 400조로 나누어 대략 1,000만 분의 8m가 된다. 즉 음과 빛은 파장이 20만 배 정도 차이가 난다.

 따라서 음에게 50cm 너비의 틈은 빛에게는 100만 분의 2.5m 정도의 너비가 된다. 이는 놀랍도록 작은 크기로, 일반적인 세포 크기(0.02mm)의 약 10%에 불과하다. 즉 빛도 파동처럼 돌아가긴 하지만 세포 크기의 10%보다 좁은 틈이 아니면 거의 돌아가지 않는다. 이런 특성 때문에 우리는 일상생활에서 빛이 거의 직진한다고 느낀다.

'정말 불편한 일이야. 빛도 음처럼 돌아갈 수 있다면 얼마나 좋을까? 그러면 방에서 복도에 있는 친구도 보이고, 콘서트에서 모두가 일어나도 그림자에 가려 아이돌이 안 보이는 일도 없을 텐데.' 확실히 그렇다. 빛의 파장이 더 길었다면 지금은 직접 볼 수 없는 것들도 보게 되어 더 편리했을 것이다. 하지만 잠깐 생각해 보자. 왜 인간은 소리를 '보는' 기관을 발달시키지 않았을까? 소리도 빛도 파동이고, 인간은 파동인 빛을 '보는' 기관을 가지고 있는데 말이다.

빛은 진동이지만 전기장과 자기장으로 이루어진 전자기파이고, 소리는 공기의 진동이라서 같은 기관으로 관찰할 수 없다. 귀는 소리의 진동을 고막으로 포착한다. 만약 고막으로 공기의 진동을 감지해 소리를 '보는' 기관도 만들 수 있다면, 복도에서 이야기하는 친구의 목소리로 그 모습을 '보는' 것이 가능했을 테니 얼마나 편리했을까?

그런데 소리를 '보는' 동물이 실제로 존재한다. 바로 박쥐다. 박쥐는 어둠 속을 날아다니며 곤충을 잡기 위해 소리를 이용해 '보는' 기관을 발달시켰다. 기본적으로는 청각이지만 박쥐는 자신이 입으로 내는 초음파가 곤충에 부딪혀 되돌아오는 것을 큰 귀로 '듣는' 방식으로 주변을 '본다'. 마치 우리가 빛이 반사된 물체를 눈으로 보는 것처럼 말이다.

박쥐가 사용하는 초음파는 일반적인 소리보다 주파수가 훨씬 높아서 파장이 매우 짧다(파장과 주파수의 곱이 일정하기 때문이다). 파장이 짧으면 직진성이 강해지므로 초음파가 마치 빛처럼 작용하여 '소리를 볼 수 있게' 한다.

참고로 박쥐는 초음파를 단순히 보기 위해서만 쓰지 않고 의사소통에도 사용한다. 인간이 시각을 이용해 문자로 소통하듯, 박쥐에게는 초음파를 통한 보는 방식의 소통이 매우 자연스럽다.

음을 보거나 빛을 듣는 생물이 존재할까?

앞서 말했듯이 음의 파장은 17cm나 된다. 하지만 분해능(서로 가까이 있는 두 점을 식별할 수 있는 최소 거리)이 17cm인 눈을 가지고 있더라도 쓸모없을 것이다. 진화의 긴 여정에서 '소리를 보는' 기관을 발달시킨 생물이 존재했을지도 모르지만, '빛을 보는' 능력을 발달시킨 생물에게 생존 경쟁에서 져서 결국 멸종했을 테니까 말이다.

그렇다면 빛을 듣고 소리를 보는 생물은 절대로 존재할 수 없을까? 그렇지 않다. 우선 빛의 파장은 진동수가 매우 낮은 파동이라면 충분히 길어질 수 있다. 흔히 말하는 미터파는 파장이 1m 정도인 빛이다. 미터파는 대체로 라디오의 송수신에 사용되는 전파의 파장과 비슷하다. 별것 아닌 것 같지만 인류는 자연스럽게 '빛을 듣는' 장치를 발명해서 사용해 왔다. 앞서 말했듯이 소리를 보는 것은 박쥐가 이미 실현하고 있다. 그러니 우주 어딘가에는 소리로 보고 빛을 듣는 것이 더 편리한 행성이 존재할 수도 있으며, 그 행성에서 태어난 생명체는 눈으로 듣고 귀로 보면서 살고 있을 것이다.

'백문이 불여일견'이라는 속담이 있다. 이 속담을 과학적인 관점에서 보면 파장이 긴 파동과 짧은 파동은 감지할 수 있는 것이 다르다는 뜻으로 해석할 수 있다. 사실 빛이든 소리든 모두 파동이라는 점에서는 같다. 파장의 길이에 차이가 있을 뿐이다.

참고로 전파는 파장이 긴 전자기파로, 빛보다 파장이 길어서 직진하지 않고 소리와 유사하게 회절하여 퍼져 나간다. 이러한 특성 때문에 스마트폰을 실내에서도 사용할 수 있는데, 전파가 창문을 통해 들어와 소리처럼 회절하여 건물 내부로 전달되기 때문이다. 만약 전파가 직진성만 가졌다면 스마트폰을 사용하기 위해 중계국 안테나가 보이는 곳으로 직접 이동해야 했을 것이다.

스마트폰에서 사용하는 전파의 파장은 약 15cm로, 이는 2,000Hz 소리의 파장과 유사하다. 이 특성으로 인해 전파는 빛이 아니라 소리처럼 직시할 수 없는 곳에서도 전달될 수 있다. 이는 전파가 같은 전자기파의 일종인 빛과는 다르게 직진하지 않는 이유를 설명해 준다. 즉 전파는 전기장과 자기장의 파동으로 구성되어 있지만 공기의 진동인 음파와 비슷한 방식으로 행동한다.

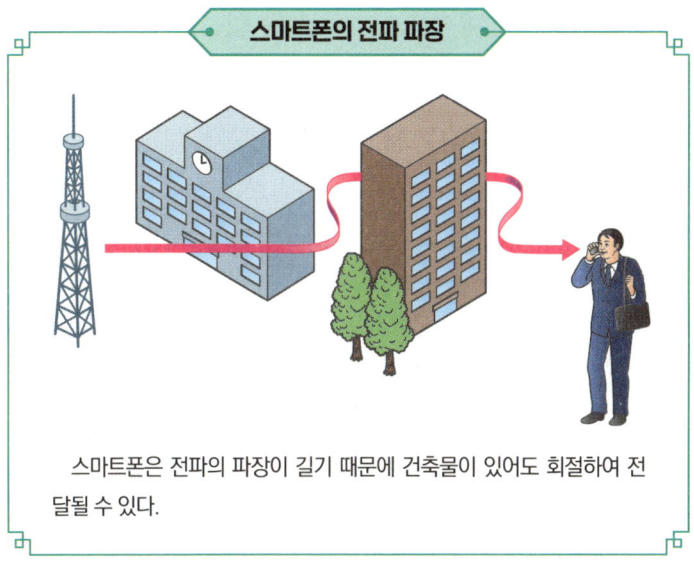

스마트폰은 전파의 파장이 길기 때문에 건축물이 있어도 회절하여 전달될 수 있다.

물리학에서는 이렇듯 '실체가 무엇인가'보다 '어떻게 행동하는가'가 더 중요한 경우가 많다. 이러한 특징이 물리학을 더욱 흥미진진하게 만든다.

현미경과 빛의 회절

소리와 마찬가지로 빛에도 회절 현상이 발생한다. 빛은 소리보다 파장이 훨씬 짧지만 파동의 성질을 지니고 있어 회절이 일어나는 것이다. 일상생활에서는 빛의 회절을 의식할 기회가 거의 없다. 하지만 육안으로 포착할 수 없는 미시 세계에서는 이 현상이 중요한 문제가 된다.

일반적으로 사용되는 광학 현미경은 관찰 대상에 가시광선을 비춘 후 반사광을 렌즈로 확대한다. 현미경의 성능을 평가하는 중요 지표인 분해능은 '2개의 분리된 점'으로 인식될 수 있는 최단 거리를 의미한다.

광학 현미경은 이론적으로 100나노미터(1나노미터는 0.1mm의 10만 분의 1) 이상의 분해능을 얻을 수 없다. 앞서 언급했듯이 빛의 회절 현상이 세포 크기의 10% 수준에서 발생하기 때문이다. 이보다 작은 물체를 관찰하려 할 때는 빛이 회절되어 물체 사이를 비집고 지나가므로 빛이 비치는지조차 판단하기 어렵다. 즉 파동으로 무언가를 보기 위해서는 관찰 대상보다 파장이 충분히 짧아야 한다.

이러한 빛의 회절 문제를 해결하기 위해 개발된 것이 전자 현미경이다. 전자 현미경은 빛 대신 전자선(전자빔)을 조사하여 대상을 확대 관찰한다.

전자 현미경에서 사용되는 전자선의 파장은 가시광선보다 훨씬 짧다. 투과 전자 현미경의 경우에는 이론적으로 0.1나노미터 수준의 분해능을 달성할 수 있다. 따라서 전자 현미경을 이용하면 광학 현미경으로는 보기 어려운 미세 구조까지 관찰할 수 있어, 박테리아보다 훨씬 작은 바이러스의 구조도 볼 수 있다.

2

우주와 야구의 의외의 접점

도플러 효과

　누구나 한 번쯤 구급차가 사이렌을 울리며 다가올 때는 소리가 높게 들리고, 멀어질 때는 소리가 낮게 들리는 경험을 해봤을 것이다. 이것이 바로 '도플러 효과'라는 현상이다.

　도플러 효과는 음파뿐 아니라 전자기파에도 적용된다. 주파수가 높다는 것은 일정 시간 동안 발생하는 파동의 수가 많다는 의미이고, 이는 파동을 더욱 정밀하게 측정할 수 있다는 뜻이다. 따라서 전자기파로 측정하면 더 정확한 측정이 가능하다.

　도플러 효과를 가시광선에서 관찰하면 광원이 멀어질 때는 붉게 보이고, 가까워질 때는 푸르게 보인다. 이는 빛의 색이 주파수에 따라 결정되며, 주파수가 낮을수록 붉은색으로 변하기 때문이다. 반면에 파장이 짧은 스펙트럼의 왼쪽 영역(280쪽 위 그림)은 주파수가 높아지는데, 이는 광원이 가까워질 때 나타나는 현상이다. 즉 별과 같은 광원이 가까워지면 푸른빛을 띤다.

　천문학자 에드윈 파월 허블(Edwin Powell Hubble)은 이 효과를

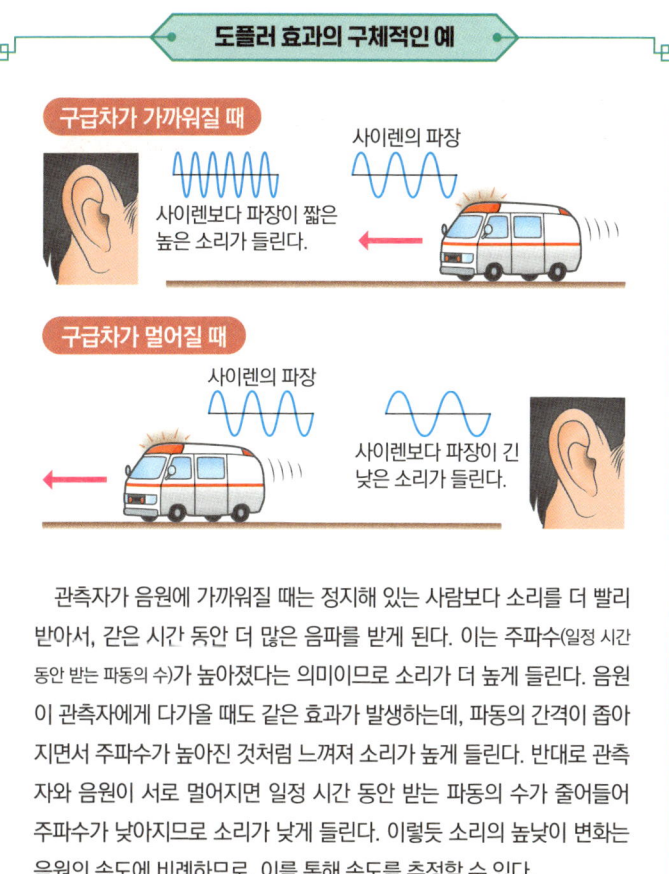

관측자가 음원에 가까워질 때는 정지해 있는 사람보다 소리를 더 빨리 받아서, 같은 시간 동안 더 많은 음파를 받게 된다. 이는 주파수(일정 시간 동안 받는 파동의 수)가 높아졌다는 의미이므로 소리가 더 높게 들린다. 음원이 관측자에게 다가올 때도 같은 효과가 발생하는데, 파동의 간격이 좁아지면서 주파수가 높아진 것처럼 느껴져 소리가 높게 들린다. 반대로 관측자와 음원이 서로 멀어지면 일정 시간 동안 받는 파동의 수가 줄어들어 주파수가 낮아지므로 소리가 낮게 들린다. 이렇듯 소리의 높낮이 변화는 음원의 속도에 비례하므로, 이를 통해 속도를 추정할 수 있다.

이용해 지구에서 관측한 대부분의 항성이 멀어지고 있다는 사실을 발견했다. 그는 모든 방향의 은하가 멀어져 보이는 현상은 우주가 팽창하고 있다는 사실로만 설명할 수 있다고 결론지었

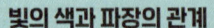

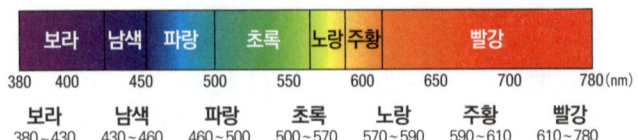

이 그림은 파장과 색의 관계를 나타낸다. 광속은 '속도 = 파장 × 주파수'라는 공식을 따르며 항상 일정하다. 따라서 파장이 길어지면 주파수가 낮아지고, 반대로 파장이 짧아지면 주파수는 높아진다. 스펙트럼에서는 빛의 파장이 긴 쪽(오른쪽)으로 갈수록 주파수가 낮아지는데, 이는 광원이 멀어질 때 나타나는 현상이다. 그래서 멀어지는 별은 붉은빛을 띤다.

허블의 우주

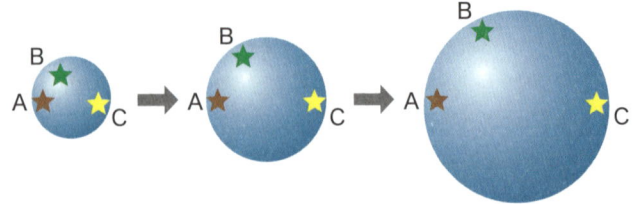

허블은 지구에서 관측되는 대부분의 별이 멀어지고 있다는 사실을 발견했다. 이런 현상이 단순히 지구가 우주의 중심이어서 모든 별이 균일하게 멀어지는 것이라고 보기에는 우연치고는 너무 완벽했다. 따라서 허블은 우주 전체가 풍선처럼 팽창하고 있다고 생각했다. 이 개념에 따르면 우주의 어느 지점에서 관측해도 주변의 별들이 관측자로부터 멀어지는 것처럼 보인다.

다. 이는 후에 빅뱅 이론의 중요한 증거가 되었다. 이처럼 도플러 효과는 과소평가할 수 없는 중요한 현상이다.

도플러 효과의 의외의 응용 사례

도플러 효과는 다양한 분야에서 활용되고 있다. 예를 들어 프로 야구에서는 투수의 구속을 측정하기 위해 전자기파를 공을 향해 발사하고 반사파의 진동수를 분석한다. 이 방법은 반사된 공을 음원으로 간주할 수 있기 때문에 가능하다. 즉 반사파의 주파수가 높을수록 구속이 빠르다는 원리를 이용해 간단히 구속을 측정할 수 있다. 이러한 원리는 자동차 속도위반 단속에도 적용된다. 경찰관들은 속도 측정기로 자동차의 속도를 측정한다.

도플러 효과는 물체의 속도 측정 외에 영상 탐사 장치에도 활용된다. 건강 검진 시 내장 검사나 임신 중 태아 관찰에 사용되는 초음파 단층 촬영기, 그리고 비구름의 상태를 조사하는 비구름 레이더가 대표적인 예다.

스피드건의 구조

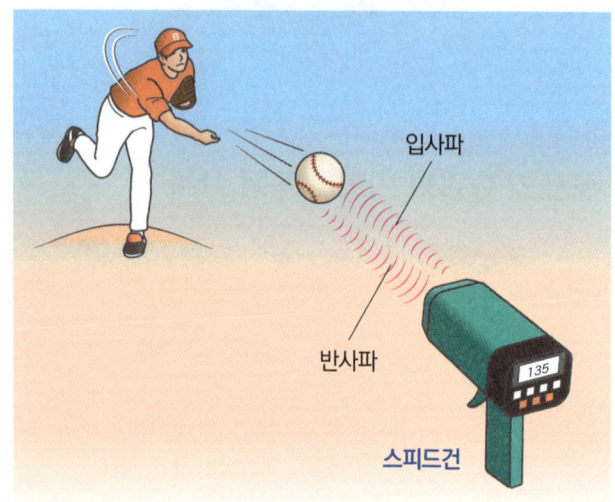

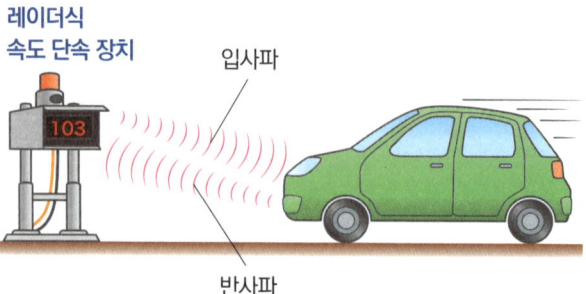

 야구의 구속을 측정하는 스피드건이나 자동차의 속도위반 단속에 사용되는 레이더식 속도 단속 장치는 이동하는 대상에 전파를 발사하고, 반사된 전파의 주파수를 측정해 속도를 계산한다. 속도가 빠를수록 측정되는 주파수도 높아진다.

도플러 효과는 음원의 움직임만 검출할 수 있다. 따라서 초음파 단층 촬영기는 몸에 초음파를 비추고 반사되어 돌아오는 초음파를 관찰한다. 도플러 효과로는 속도만 측정할 수 있지만, 체내 혈류와 같은 움직임이 있는 부분의 주파수 변화를 측정하여 상대적인 속도의 크기를 농도로 표시할 수 있다.

비구름 레이더 역시 비구름의 움직임을 가시화한다. 비구름을 향해 발사한 전자기파에 도플러 효과를 활용하여 위치와 속도를 동시에 측정할 수 있다.

이처럼 위치의 원격 측정과 도플러 효과를 결합하여 속도를 동시에 측정하는 기술이 점차 확산되고 있다. 대표적으로 자율주행차가 주변 환경을 정밀하게 측정하는 데 사용하는 라이다(LiDAR)가 있다. 라이다는 레이저 광을 이용한 일종의 레이더로, 자율주행의 핵심 장치다. 기계학습을 이용한 인공지능이 자율주행의 '두뇌' 역할을 한다면, 라이다는 자율주행에 없어서는 안 될 '눈'을 담당한다.

라이다는 최근 아이폰에도 탑재된 일반적인 장치가 되었다. 전자기파의 일종인 빛의 반사를 이용하므로 반사광의 주파수를 분석하여 대상의 속도도 동시에 측정할 수 있다.

자율주행을 수행하려면 자율주행 자동차의 컴퓨터가 차에 다가오거나 멀어지는 물체를 정확히 인식해야 한다. 기존에는 연속된 시간의 측정 차이로부터 속도를 추정했으나 이제는 도플러 효과를 활용하여 위치와 속도를 동시에 측정한다. 이를 통해 차량에 다가오는 위험한 물체인지, 멀어지는 안전한 물체인지를 바로 판단할 수 있게 되었다. 앞으로도 도플러 효과를 이용한 시각화 장치와 기존 위치 측정 기술의 결합은 더욱 확장될 것으로 예상된다.

비구름 레이더

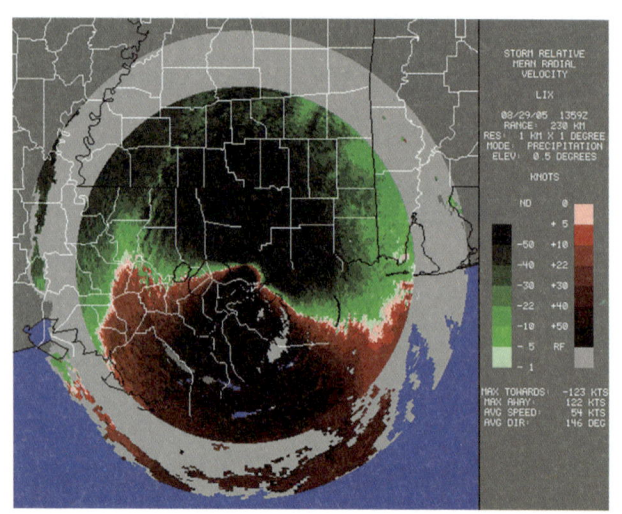

(출처: National Weather Service)

중심부의 레이더를 기준으로 비구름이 다가오거나 멀어지는 움직임을 색의 농도 차이로 시각화한다.

알고리즘 체조로 배우는 굴절의 신비

파동의 굴절

'굴절'이라는 단어는 일상에서도 자주 쓰인다. 일반적으로 성격이나 감정, 또는 생각이나 말이 어떤 영향을 받아 본래의 모습과 달라진 상태를 나타낸다. 고등학교 물리학에도 굴절이 등장하는데, 이 역시 일상적 의미처럼 '꺾여 달라짐'을 뜻한다.

물리학에서 굴절은 파동이 곧바로 진행하지 않고 휘는 현상을 말한다. 구체적으로는 음파나 빛과 같은 파동이 한 매질에서 다른 매질로 진행할 때, 그 경계에서 진행 방향을 바꾸는 것을 가리킨다.

파동의 기본적인 특성은 직진이다. 파동이 휘어지려면 '무언가'가 위치에 따라 변해야 한다. 질점은 외부 힘에 의해 운동 방향을 바꿀 수 있지만, 파동에는 직접 힘을 가할 수 없어 다른 원리를 고려해야 한다.

알고리즘 체조와 굴절

파동은 공간을 통해 전파되는 동안 주파수를 바꿀 수 없다. 이는 다음과 같은 간단한 사고 실험으로 이해할 수 있다. 일본 NHK에서는 〈피타고라 스위치〉라는 어린이용 프로그램을 방영하고 있다. 여기서는 '알고리즘 체조'라는 노래에 맞추어 유머러스한 동작을 하는 체조가 매회 등장한다.

이 체조는 일어서거나 앉고, 때로는 팔을 뻗어 휘두르는 동작으로 이어진다. 혼자 할 때는 별 뜻이 없어 보이지만, 여러 명이 한 줄로 나란히 서서 합창하면 유머러스한 동작들이 눈에 들어온다.

알고리즘 행진 체조

해당 프로그램에서는 한 줄로 나란히 서서 합창하며 알고리즘 체조를 하는 것을 '알고리즘 행진'이라고 한다.

알고리즘 체조를 할 때는 두 번째 사람이 첫 번째 사람보다 한 소절 늦게 노래하며 체조를 시작한다. 세 번째 사람은 두 번째 사람보다 한 소절 늦게, 이런 식으로 차례를 이어 간다. 그러면 혼자 할 때는 알 수 없었던 일어서거나 앉고 팔을 휘두르는 동작의 동기화를 발견할 수 있다. 파동의 진행은 이처럼 합창이 순차적으로 시작되는 상태와 같다. 한 주기는 같은 동작이 반복될 때까지의 시간이며, 파장은 같은 동작을 하는 사람들 사이의 간격과 같다.

파장은 어느 정도 자유가 허용된다. 한 줄로 나란히 서기만 하면 되고 간격이 꼭 같을 필요는 없다. 하지만 주파수는 다르다. 이 체조에서 주파수에 해당하는 노래의 템포를 바꾸면 어긋

(※ NII TODAY 제66회 '알고리즘과 수리 연구의 융합' 그림을 바탕으로 작성)

나는 부분이 점점 늘어나면서 서로 부딪히게 된다. **따라서 파동이 전파될 때 파장은 비교적 자유롭지만 주파수는 반드시 일정해야 한다.**

주파수가 같은데 파장이 달라지면 무엇이 변할까? 파동의 속도가 변한다. 서 있는 간격을 조금 넓히면 합창이 공간을 통해 전파되는 거리가 커져서 속도가 빨라진다. 이를 통해 파동에는 '주파수는 바꿀 수 없지만 속도는 자유롭게 변할 수 있다'라는 성질이 있음을 알 수 있다.

매질에 따라 변하는 파동의 속도

단단한 물질은 변위(시작점과 끝점을 직선으로 연결한 거리 변화)의 영향이 멀리까지 전달되어 파동의 속도가 빨라진다. 예를 들어 소리는 공기보다 철관을 통과할 때 훨씬 빠르다. 여기에는 복합적인 이유가 있다. 일단 파동의 속도는 매질에 따라 쉽게 변하는데, 밀도만 고려하면 무거운 물질은 움직이기 어려워 소리가 전달되기 어렵고 음속이 느려질 수 있다.

다음 표에서 밀도는 무게를, 부피 탄성률은 단단함을 나타낸다. 철은 공기에 비해 밀도가 약 6,500배 높지만, 부피 탄성률

매질	음속 c (m/s)	밀도 ρ (kg/m³)	부피 탄성률 κ (Pa)
공기	343	1.2	1.4×10^5
헬륨	970	0.18	1.7×10^5
물	1480	1000	2.2×10^9
얼음	3940	900	1.4×10^{10}
철	4650	7860	1.7×10^{11}

(※ 오노소키키(小野測器) 홈페이지에서 발췌함)

다양한 매질 내에서의 음속

은 100만 배나 높다. 결과적으로 무게(밀도)보다 단단함(부피 탄성률)이 더 중요하며, 철을 통과하는 음속은 공기를 통과하는 음속보다 약 13.55배 빠르다.

속도가 변하는 파동은 소리뿐만이 아니다. 예를 들어 수면을 통과하는 파도나 조약돌을 던졌을 때 퍼져 나가는 물결이 있다. 이러한 수면파의 속도는 수심에 따라 달라지며, 수심이 깊을수록 빨라진다. 또한 파동은 속도가 느린 영역에서 빠른 영역으로 비스듬히 진행할 때 느린 영역 쪽으로 휘는 경향을 보인다 (290쪽 위 그림).

이는 빛의 행동에서도 관찰된다. 신기루가 발생할 때 빛은 공기의 밀도가 더 높은 쪽으로 휘어진다. 빛이 밀도가 낮은 물질에서 더 빠르게 이동하기 때문이다. 따라서 빛은 '속도가 느

방향을 자유롭게 결정할 수 있는 알고리즘 행진 체조

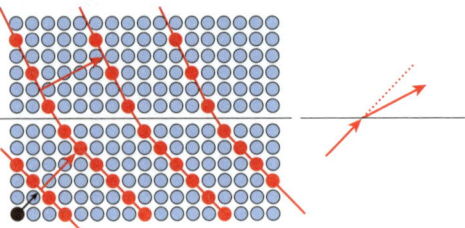

앞서 살펴본 알고리즘 행진 체조에서 어느 방향으로도 합창을 이어 갈 수 있을 만큼 충분한 사람이 있다고 가정해 보자. 왼쪽 아래의 검은 점에서 대각선 위 방향으로 합창을 시작하면 시간이 지나면서 특이한 패턴이 나타난다. 빨간 점은 같은 부분을 노래하고 있는 사람을 나타내며, 수평선 위쪽이 아래쪽보다 속도(빨간 화살표의 길이)가 빠르다.

여기에 두 가지 조건이 있다고 해 보자. ① 제창은 옆 사람이 순서대로 노래를 시작하므로 수평선의 위아래로 간격이 있어서는 안 된다. ② 위쪽의 진행 속도가 아래쪽보다 빨라야 한다. 이 상반된 조건을 충족하려면 방향을 바꾸는 수밖에 없다. 그 결과 파동의 진행 방향은 반드시 '속도가 느린 쪽으로 휘어진다'.

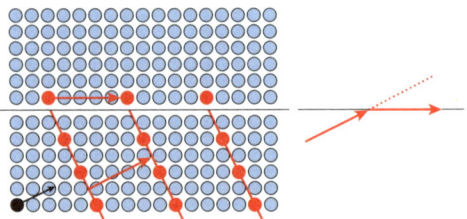

이와 같이 ①과 ②의 조건을 충족하려면 속도가 빠른 영역의 진행 방향이 수평에 가까워져야 한다. 이로 인해 파동은 속도가 빠른 위쪽 영역으로 진입하지 못한다.

린 쪽', 즉 공기의 밀도가 더 높은 쪽으로 휘어지는 특성을 가진다. 이런 현상은 일상에서도 관찰할 수 있다. 예를 들어 막대기를 물에 담그고 위에서 내려다보면 막대기가 휘어져 보이는 것도 같은 원리다.

또한 각 파동의 속도를 일정하게 유지하면서 속도가 느린 쪽 파동의 진행 방향만 점차 수평에 가깝게 조정하면, 속도가 빠른 쪽 파동의 방향이 먼저 수평에 도달한다(290쪽 아래 그림). 이때 파동은 더 이상 속도가 빠른 영역으로 진입할 수 없다. 이를 전반사라고 부르며, 전반사가 발생하는 각도보다 얕은 각도로 들어온 파동은 모두 반사되어 되돌아간다.

전반사는 현대 기술의 다양한 분야에서 활용되며, 대표적

막대기를 물에 넣었을 때

물에 막대를 넣으면 막대 끝에서 나온 빛은 물 표면 쪽으로 굴절된다(빛이 물속에서 더 느리게 이동하기 때문에 느린 쪽으로 굴절하는 원리). 하지만 인간의 눈과 뇌는 이 물리적 현상을 직접적으로 인식하지 못하고 빛이 항상 직진한다고 해석한다. 그 결과 실제로는 곧은 막대이지만 굽어 있는 것처럼 보이게 된다.

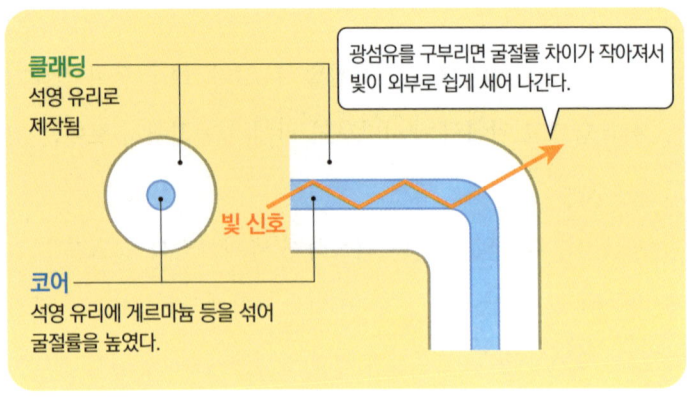

광섬유의 구조

인 예로 광섬유를 들 수 있다. 광섬유는 유리로 된 매우 가늘고 투명한 코어와 이를 감싸는 클래딩으로 구성된다. 광섬유는 외부 공기보다 빛의 속도가 느리며, 전반사 조건을 만족하는 얕은 각도로 입사하면 빛이 밖으로 빠져나가지 않는다. 이러한 특성 덕분에 광섬유는 '투명하면서도 빛을 통과시키지만 밖으로 새어 나가지 않는' 모순된 조건이 가능하다. 다만 광섬유를 구부리면 전반사 조건이 깨져 빛이 외부로 새어 나가게 된다.

📱 편광과 반사

지금까지 주로 파동의 주파수나 파장에 대해 이야기했다. 하지만 파동에는 또 하나 중요한 요소가 있다. 바로 '진동의 방향'이다.

예를 들어 자동차 운전석에서 앞 유리를 통해 바깥 풍경을 보고 있다고 해 보자. 보통은 대시보드에 놓인 서류가 앞 유리에 반사되어 보이는데, 어떤 경우에 같은 서류가 놓여 있어도 그 반사가 보이지 않는다면 어떨까? 이런 현상이 가능한 이유는 특수 안경을 착용해 반사를 제거했기 때문이다.

왜 이런 일이 가능한지 설명하려면 편광의 개념부터 이해해야 한다. 앞서 설명했듯이 빛은 전자기파의 일종으로, 전기장과 자기장이 직교하면서 교대로 나타났다 사라지며 진행하는 파동이다.

여기서 직교하면서 주기가 어긋난 2개의 전자기파가 동시에 존재하는 경우를 생각해 보자. 실제로 우리가 마주치는 빛은 단순한 진동이 아니라 나선을 그리며 진행하는 경우가 많다. 이런 빛이 유리에 부딪혀 반사될 때는 어떻게 될까?

이 책에서 자세한 설명은 생략하지만, 빛이 반사될 때는 반사면에 평행으로 진동하는 성분만 반사되고 수직 성분은 반사

편광과 반사의 원리

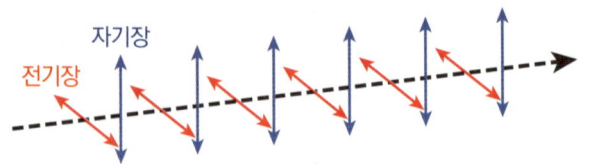

전자기파는 변동하는 자기장과 전기장이 교대로 우주 공간을 통해 전달되는 현상이다.

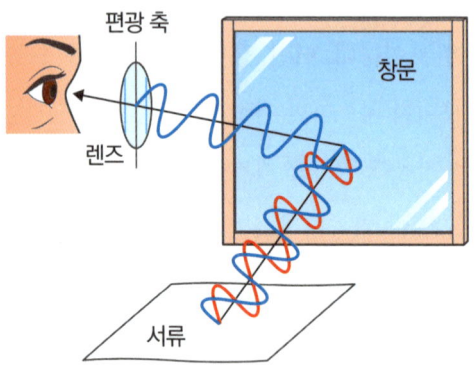

수평 편광(빨간색 선)과 수직 편광(파란색 선)은 서로 90°의 차이를 가진 두 가지 편광 상태를 나타낸다. 수평 편광은 P편광이라고도 하며 P는 'parallel'('평행'이라는 뜻의 독일어)에서 유래했다. 또한 수직 편광은 S편광이라고도 하며 S는 'senkrecht'('수직'이라는 뜻의 독일어)에서 유래했다. 즉 용어에서 두 편광이 서로 수직 관계임을 알 수 있다.

수평 편광은 종이 면에 수직으로 진동하여 반사면(창 표면)에도 수직으로 진동하기 때문에 반사되지 않는다. 반면에 수직 편광은 종이 면에 평행으로 진동하여 반사면에도 평행하게 진동하므로 반사가 잘 일어난다.

되지 않는다. 따라서 유리창에 비친 상은 특정 진동 방향으로만 제한된다. 이러한 원리를 이용해 '편광자'라는 특수 유리로 특정 방향과 수직인 빛만 통과시키면 반사광을 선택적으로 제거할 수 있다. 그러면 유리창에 비친 상이 사라지게 된다. 다시 말해 편광자 기능이 있는 안경을 착용하면 그 사람 눈에는 반사광이 차단되어 반사가 사라진 것처럼 보인다.

오늘날에는 이런 기술이 흔해져서 그다지 놀랍지 않을 수 있다. 하지만 특수 기계의 도움 없이도 인류는 물리학의 원리를 응용해 다양한 방식으로 이미지 처리 기술을 발전시켜 왔다.

4 뉴턴 링에서 양자역학까지

입자설과 파동설

입자설 vs. 파동설

역학으로 유명한 뉴턴은 광학 연구자로서도 잘 알려져 있었다. 그의 이름을 딴 '뉴턴 링'은 고등학교 물리 실험에서도 자주 나오는 주제로, 빛의 간섭 현상을 보여 주는 대표적인 예다. 뉴턴 링은 평면 유리판 위에 볼록렌즈를 올려놓고 위에서 단색광을 비추면 동심원 모양의 무늬가 형성되는 현상이다.

뉴턴은 프리즘을 사용한 분광 실험을 통해 백색광이 다양한 색을 가진 빛의 합성이라는 것도 증명했다. 이렇게 뛰어난 광학 연구자였지만 뉴턴은 빛의 본질에 대해 크게 오해한 적이 있다. 놀랍게도 빛의 직진성이 너무 뚜렷하다는 이유로 빛을 입자라고 생각했다. 완벽한 직선 경로를 그리는 빛을 보면서 그것이 파동이라고 생각하기는 어려웠을 것이다. 결국 다른 과학자들이 빛은 파동임을 입증했고, 뉴턴은 자신의 오류를 인정했다.

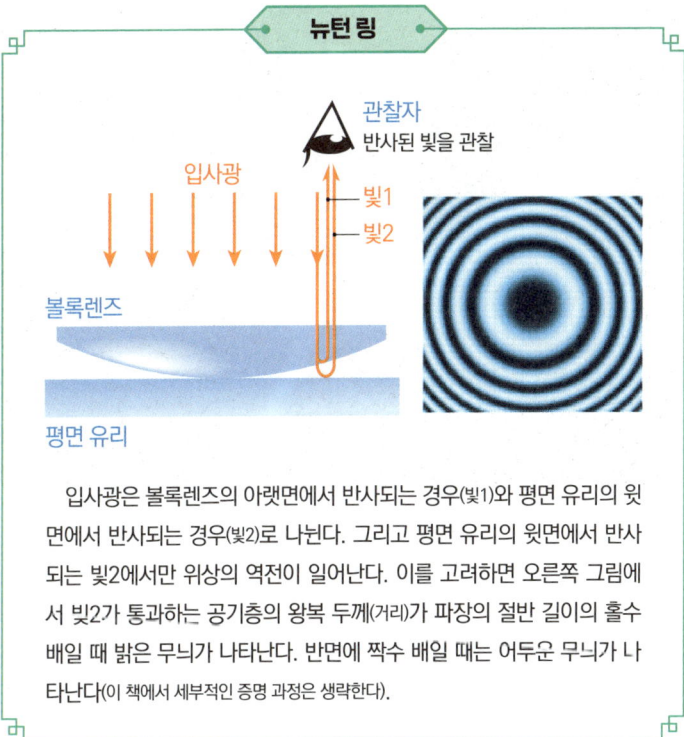

입사광은 볼록렌즈의 아랫면에서 반사되는 경우(빛1)와 평면 유리의 윗면에서 반사되는 경우(빛2)로 나뉜다. 그리고 평면 유리의 윗면에서 반사되는 빛2에서만 위상의 역전이 일어난다. 이를 고려하면 오른쪽 그림에서 빛2가 통과하는 공기층의 왕복 두께(거리)가 파장의 절반 길이의 홀수 배일 때 밝은 무늬가 나타난다. 반면에 짝수 배일 때는 어두운 무늬가 나타난다(이 책에서 세부적인 증명 과정은 생략한다).

그의 오류는 같은 물질이 파동인 동시에 입자일 수는 없다는 생각에서 비롯되었다.

오늘날 현대 물리학의 성과를 알고 있는 우리 입장에서는 뉴턴 같은 위대한 과학자가 이러한 실수를 했다는 것이 의아할 수 있다. 그러나 물리학의 역사를 보면 빛의 본질을 둘러싼 논쟁은 훨씬 더 복잡하고 오래 이어졌다. 입자설과 파동설은 수백

프리즘으로 인한 분광

년 동안 치열하게 대립했고, 시대에 따라 어느 한쪽이 우세를 점하는 일이 반복되었다.

파동설의 가장 큰 약점은 빛이 '아무것도 없는 진공을 통과하는 파동'이라는 사실을 설명하기 어려웠다는 점이다. 파동이라면 무언가가 진동해야 하는데, 빛은 공기 중과 물속도 통과한다. 빛이 '무엇'의 진동이라면 완전히 다른 매체인 공기와 물을 같은 방식으로 통과할 수 없을 텐데, 파동설은 이 '무엇'이 진동하는지 설명하지 못해 신뢰를 얻을 수 없었다.

반면 입자설은 뉴턴 링의 줄무늬 간격을 무엇이 결정하는

지 설명하지 못했다. 파동이라면 파장이라는 개념으로 이러한 '길이'를 정의할 수 있었지만, 입자로는 주기적 현상을 설명하기 어려웠다.

이 논쟁은 19세기 말에 새로운 전환점을 맞이했다. 빛이 자기장과 전기장의 진동으로 이루어진 전자기파라는 사실이 밝혀지고, 이 전자기파가 진공에서도 전파될 수 있다는 것이 확인되면서 논쟁이 일단락되는 듯했다. 그러나 20세기에 들어 뜻밖의 계기로 뉴턴의 한이 풀리게 되었다. 한때 파동으로 여겨졌던 빛이 입자라는 사실이 밝혀진 것이다!

이미 빛은 파동이라고 결론이 났는데, 왜 다시 입자라고 하게 된 걸까? 이는 완전히 새로운 과학이 등장했기 때문이다. 이 새로운 과학을 우리는 '양자역학'이라고 부른다.

이번 장은 고등학교 물리 교과과정에서 다소 부차적인 위치를
차지하고 있는 내용이다. 주요 개념들이 주로 나열식으로
구성되어 있고, 대학 수준의 심오한 내용을 다수 포함하고 있어
단순히 읽기만 해서는 온전히 이해하기 어려울 수 있다.
하지만 여기서 다루는 주제의 중요성을 고려하여
최소한 '핵심 내용을 어느 정도 이해했다'는 느낌을
받을 수 있도록 자세히 다루어 보겠다.

보이지 않는 세계의 질서

5장

원자와 분자

정말 부조리한 불확정성 원리

플랑크 상수

불확정성 원리는 양자역학의 대표적인 원리로, 고등학교 물리 교과서에서도 이름 정도는 등장하는 경우가 많다. 그러나 이 원리는 단순히 하나의 고정된 개념이 아니라 다양한 해석이 존재한다.

운동량의 불확정성 × 위치의 불확정성 ≧ 플랑크 상수

널리 알려진 이 부등식은 불확정성 원리의 핵심을 간단히 표현한 것에 불과하다. 또한 '위치와 속도를 동시에 결정할 수 없다'는 일반적인 설명도 양자의 세계를 정확히 묘사하기에는 부족하다. 양자역학에서는 '동시에'나 '결정한다'와 같은 당연한 개념조차 명확히 정의하기 어렵기 때문이다.

플랑크 상수의 발견 과정은 꽤 특이하다. 이 상수는 독일의 물리학자 막스 카를 에른스트 루트비히 플랑크(Max Karl Ernst

막스 플랑크

막스 플랑크는 흑체 복사(흑체에서 방출되는 열복사)를 설명하는 플랑크 법칙을 발견했으며, 오늘날 양자역학의 창시자 중 한 사람으로 평가받는다.

Ludwig Planck)의 이름을 따서 명명되었다. 흥미롭게도 이 상수를 발견했을 당시에 플랑크는 자신이 양자역학이라는 새로운 과학 분야를 열었다는 사실을 전혀 알지 못했다.

당시 과학자들은 '물체의 온도를 비접촉으로 측정하는' 실용적인 공학 문제를 해결하고자 했다. 플랑크가 활약했던 20세기 초에는 서구 열강이 패권을 다투고 있었다. 당시 각국은 중공업 발전에 총력을 기울였고 '산업의 쌀'이라 불린 철은 그 중심에 있었다.

제철은 철광석을 가열하여 녹이는 과정이 기본이다. 철을 효율적이고 경제적으로 대량 생산하려면 철의 녹는점에 해당하는 고온을 정확히 측정해야 했다. 하지만 녹아서 흐물흐물해진 철에 온도계를 담그면 온도계가 녹아 버리는 문제가 생긴다.

이때 누군가 물체를 가열하면 색이 변한다는 점에 주목하여 좋은 생각을 내놓았다. 예를 들어 가스 불꽃은 온도가 높으면 파란색을, 낮으면 빨간색을 띤다. 별이 빨갛거나 파란 것도 기본적으로 온도 차이 때문이다. 따라서 색과 온도의 관계를 파악할 수 있다면 물체에 직접 닿지 않고도 온도를 측정할 수 있다는 것이다.

그러나 당시 열역학으로는 온도와 색의 관계를 식으로 도출할 수 없었다. 그때 플랑크가 이 문제를 해결했고, 그 과정에서 실험적으로 측정된 것이 플랑크 상수였다.

$$\text{플랑크 상수}: 6.62607015 \times 10^{-34} J \cdot s$$

($J \cdot s$는 줄 초)

이 상수만 보면 양자역학과 전혀 관련이 없어 보인다. 그러나 이 상수는 현재 양자역학에서 가장 중요한 방정식의 핵심 요소가 되었으니 결코 무시할 수 없다.

다시 말해 양자역학은 열역학을 '올바르게' 해석하기 위해 탄생했다고 해도 과언이 아니다. 원래 열역학은 다수의 입자가 모였을 때만 적용된다고 여겨졌다. 이런 거시적 현상을 설명하기 위해 오히려 개별 입자를 지배하는 양자역학이 발전하게 되었다.

이처럼 독특한 유래를 가진 플랑크 상수를 포함하는 불확정성 원리에는 여러 근원이 있다. 그중 하나는 파동과 입자의 이중성이다. 양자 영역에서는 고전적 의미의 입자가 존재하지 않고 오직 파동만 존재한다. 공간적으로 국소화된 파동 묶음('파속'이라고도 함)을 만들려면 다양한 파장의 파동을 중첩시켜야 한다.

그런데 양자역학에서 파장이 다른 파동은 각기 다른 운동량을 가진다. 공간적으로 국소화된 파동 묶음을 형성하기 위해 다양한 파장의 파동을 중첩시키면 역설적인 현상이 발생한다. 파장의 다양성이 증가할수록 운동량의 불확정성이 커지는 것이다. 이는 위치와 속도를 동시에 규정하는 것을 방해한다. 다시 말해 파동 묶음을 만들기 위해 서로 다른 파장의 파동을 결합하면 운동량의 불확실성이 필연적으로 증가하여 위치와 운동량을 동시에 정확히 규정할 수 없게 된다.

불확정성 원리의 또 다른 근원은 관측 과정에서 발생하는 교란이다. 입자의 위치를 특정하기 위해 강한 빛(전자기파)을 쏘면, 그 빛으로 입자가 움직여서 운동량 측정의 정확도가 떨어진다. 반대로 약한 빛을 쏘면 위치를 정확하게 특정하기 어려워진다. 이런 이유로 위치와 속도를 동시에 정확하게 측정할 수 있는 관측 방법은 존재하지 않는다.

불확정성 원리의 가장 역설적인 귀결은 '정지가 존재하지 않는다'는 것이다. 정지란 '물체가 특정 위치에서 속도가 0인 상태'를 의미한다. 하지만 이는 속도가 0이라는 점과 위치를 동시에 정확히 측정해야 하므로 불확정성 원리와 근본적으로 충돌한다(어디에 있는지는 모르더라도 속도는 0이라는 측정은 가능하다). 이렇게 불합리해 보이는 불확정성 원리이지만, 이것이 현재 과학이 이해하는 세계의 본질적인 모습 중 하나이다.

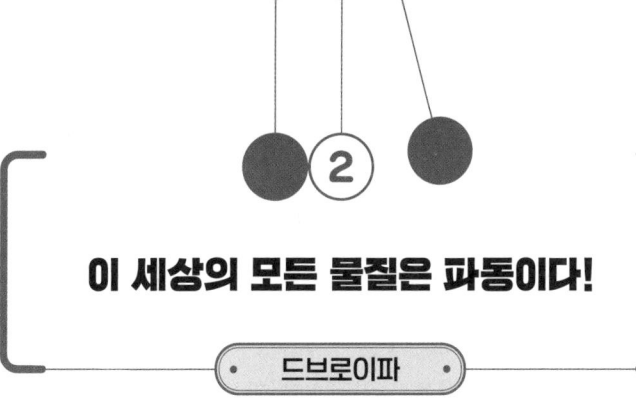

이 세상의 모든 물질은 파동이다!

드브로이파

양자역학에는 불확정성 원리 외에도 상식을 초월하는 개념이 많다. 예를 들어 프랑스의 물리학자 루이 빅토르 피에르 레몽 드브로이(Louis Victor Pierre Raymond de Broglie)가 광자의 입자성과 파동성을 연결하기 위해 도입한 '드브로이파'('물질파'라고도 함)의 관계식은 상당히 비약적이다.

$$파장 = \frac{플랑크\ 상수}{운동량}$$

어떤 면에서 비약적일까? 이 식은 '어떤 물체든 운동량을 가지고 있다면, 그 물체는 특정한 파장을 가진 파동이기도 하다'는 놀라운 내용을 담고 있다. 이 식에 따르면 특정 속도로 날아가는 야구공도 파동성을 가진다. 하지만 현실에서 야구공은 결코 파동처럼 보이지 않는다. 그럼에도 양자역학의 관점에서는 파동이어야 한다고 주장한다. 일반적인 상식으로는 도저히 이해할 수 없는 내용이다.

    드브로이파의 식은 놀랍게도 고등학교 물리 교과서에도 등장한다. 이 식을 통해 양자역학이 원자 구조를 어떻게 묘사하는지 이해하는 것은 생각보다 어렵지 않다. 단지 한 걸음 더 나아가면 된다. 드브로이파는 본질적으로 파동이기 때문에, 우리가 4장에서 배운 반사, 편광, 굴절 등의 현상이 모두 적용된다. 사람들은 '물체가 굴절되는 것을 본 적이 없다'고 말할 수도 있지만, 사실 이는 우리가 일상에서 매일 마주치는 현상이다.

드브로이파를 통한 원자 묘사

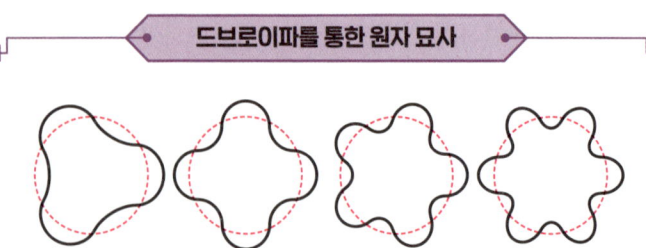

드브로이는 원자핵 주위를 도는 전자 역시 파동이며, 정상파의 형태를 취해야 한다고 주장했다. 이 주장에 따르면 전자는 특정한 제한된 파장만 가질 수 있다. 결과적으로 전자의 운동량도 불연속적인 값만 가질 수 있다. 그런데 이 가설은 당시 실험을 통해 알려진 수소 원자의 빛스펙트럼 특성과 일치했다. 수소 원자에서 방출되는 빛의 스펙트럼이 불연속적이고 특정 파장만 관측된다는 사실을 정량적으로 설명할 수 있었던 것이다. 이를 통해 양자역학에서 파동과 입자의 등가성이라는 핵심 개념이 부각되었다.

예를 들어 1장에서 다룬 포물선 운동은 굴절 현상으로 이해할 수 있다. 굴절에서는 빛이 파장이 짧은 곳에서 긴 곳으로 이동할 때 파장이 짧은 쪽으로 휘어지며, 파장이 연속적으로 변하면 그 궤적이 곡선을 그린다.

포물선 운동에서는 물체가 위로 올라갈수록 속도가 감소해 파장이 길어지므로(드브로이의 식) 포물선의 궤적을 굴절로 이해할 수 있다. 우리는 이것을 중력으로 인해 휘어졌다고 생각하지만 '착각'이다. 실제로는 '이 세상의 모든 물질은 드브로이파로 표현되는 파동이므로 파장이 변하면 굴절한다'는 것뿐이다.

왜 우리는 일상에서 매일 굴절을 목격하면서도 그것을 굴절이라고 인식하지 못할까? 바로 드브로이파의 파장이 매우 짧기 때문이다. **플랑크 상수는 매우 작은 수이므로 운동량이 큰 경우에 파장이 극도로 짧아져서 파동으로 보이지 않는다.** 이는 운동량과 파장이 반비례 관계에 있기 때문이다. 그러나 굴절 현상은 파장들 간의 상대적인 비율에 의존하므로 파장이 아무리 짧아도 여전히 발생한다.

우리가 경험하는 현실은 근본적으로 양자역학의 원리를 따른다. 이런 관점에서 보면 고등학교에서 배우는 고전역학은 엄밀히 말해 완전한 진실이 아니다. 인간이 만들어 낸 위대한 환상이자 짜맞추기에 불과하다. 그럼에도 이 '짜맞추기'는 놀랍도록 정확하여 대부분의 상황에서 양자역학의 예측과 거의 일치한다. 근본적인 물리 법칙과는 차이가 있음에도 현실을 놀라울 정도로 잘 설명하는 과학적 모델을 만들어 낸 인간의 지적 능력은 정말 경이롭다.

일상과 세상을 다시 이해하는 힘
쓸모 있는 물리학

초판 1쇄 발행 2025년 10월 27일

지은이 다구치 요시히로 **옮긴이** 오시연 **감수** 정광훈

펴낸이 윤상열
기획편집 서영옥 최은영 고은희 **디자인** 김규림 **마케팅** 윤선미 **경영관리** 김미홍
펴낸곳 도서출판 그린북 **주소** 서울 마포구 방울내로11길 23 두영빌딩 3층
전화 02-323-8030~1 **팩스** 02-323-8797
이메일 gbook01@naver.com **블로그** blog.naver.com/gbook01

《MANABINAOSHI KOKO BUTSURI ZASETSUSHA NO TAMENO CHONYUMON》
© Yoshihiro Taguchi 2024
All rights reserved.
Original Japanese edition published by KODANSHA LTD.
Korean translation rights arranged with KODANSHA LTD.
through EntersKorea Co., Ltd.

이 책의 한국어판 저작권은 (주)엔터스코리아를 통해 저작권자와 독점 계약한 그린북에 있습니다.
저작권법에 의하여 한국 내에서 보호를 받는 저작물이므로 무단전재와 무단복제를 금합니다.

ISBN 978-89-5588-503-3 03420

* 도서출판 그린북은 미래의 나와 즐거운 세상을 만들어 가는 콘텐츠를 만듭니다.
* 도서출판 그린북은 독자 여러분의 소중한 의견과 원고를 기다립니다.
* 잘못 만들어진 책은 구입하신 곳에서 바꾸어 드립니다.